피부과 전문의 안건영 박사가 들려주는

스킨 멘토링

피부과 전문의 안건영 박사가 들려주는

스킨 멘토링 (개정판)

초판 1쇄 발행일 2013년 10월 25일
개정 3쇄 발행일 2024년 05월 31일

지은이 안건영
펴낸이 양옥매
디자인 표지혜
마케팅 송용호
교   정 조준경

펴낸곳 도서출판 책과나무
출판등록 제2012-000376
주소 서울특별시 마포구 방울내로 79 이노빌딩 302호
대표전화 02.372.1537   **팩스** 02.372.1538
이메일 booknamu2007@naver.com
홈페이지 www.booknamu.com
ISBN 979-11-6752-476-8 (03590)

피부과·전문의 안건영 박사가 들려주는

SKIN

스킨 멘토링

개정판

MENTORING

안건영 * 지음

"건강한 피부, 행복한 피부를 위한 멘토링"

책과나무

피부 멘토를 꿈꾸며

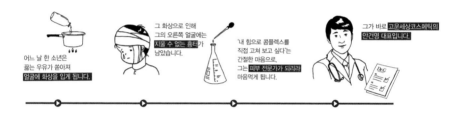

어느 날 한 소년은
끓는 우유가 쏟아져
얼굴에 화상을 입게 됩니다.

그 화상으로 인해
그의 오른쪽 얼굴에는
지울 수 없는 흉터가
남았습니다.

'내 힘으로 콤플렉스를
직접 고쳐 보고 싶다'는
간절한 마음으로,
그는 피부 전문가가 되리라
마음먹게 됩니다.

그가 바로 고운세상코스메틱의
안건영 대표입니다.

내가 피부과 의사가 된 가장 큰 동기는 나의 콤플렉스 때문이다. 아주 어릴 적 끓는 우유가 쏟아져 지금도 내 얼굴 오른쪽에는 화상 흉터가 남아 있다. 너무 어렸을 때라 그 고통의 기억은 없지만 지울 수 없는 흉터는 성장기 동안 나의 커다란 콤플렉스였다. 이 흉터를 내 힘으로 치료하고 싶은 간절한 마음에 피부과 의사가 되어야겠다고 다짐했다. 비록 내 자신을 위해 시작한 일이었지만 이제는 미약하나마 다른 사람들에게도 도움을 주고 있으니 아이러니하고도 감사할 뿐이다.

처음 화장품에 대해 책을 써야겠다고 생각했을 때 제일 먼저 떠오른 단어가 '피부장벽'이었다. 인체를 보호하기 위해 고도로 발달된 기능인 피부장벽은 다소 어려운 개념일지는 모르겠지만 피부과학뿐 아니라 화장품 영역에서도 더없이 중요한 개념이다. 왜냐하면, 사람마다 피부장벽의 상태가 다르기 때문에 피부장벽을 알아야 피부 유형을 구분할 수 있고, 그에 적합한 화장품을 사용해야 내 소중한 피부를 지킬 수 있기 때문이다.

화장품은 피부장벽을 손상시키기도 하고 장벽 기능을 강화하기도 한다. 이는 화장품을 잘 사용하면 피부가 좋아지기도 하지만 자신의 피부 유형을 모르고 화장품을 잘못 사용하면 피부장벽이 손상될 수 있다는 이야기다. 이처럼 피부과 의사로서 진료실에서 잘못된 화장품 사용으로 고생하는 환자들을 접할 때마다 안타까운 마음을 금할 수 없었다.

화장품으로 인한 접촉 피부염뿐 아니라, 자신의 피부 유형을 모른 채 화장품을 사용하다가 피부가 나빠지는 사람들도 많고, 의사의 처방 없이 피부 연고를 남용해 장벽 기능이 손상되어 민감성 피부로 고생하는 사람들도 많다. 이런 사람들에게 피부과 의사로서 도움을 줄 수 있는 가장 효과적인 방법이 책을 통해 지식을 나누는 것이 아닐까 생각된다.

지금까지 화장품에 관한 많은 책들이 나왔지만, 화장품 전문가들이 쓴 책은 피부과 의사의 입장에서 보기에 피부과학적으로 아쉬운 부분이 많았다. 한편 피부과 의사가 쓴 책은 화장품보다는 피부 질환이나 미용 치료에 대한 내용이 대부분이고 피부장벽과 화장품에 대한 내용은 찾아볼 수 없었다. 아마도 피부장벽학이 피부과에서도 최신 학문인 데다 피부장벽 개념을 일반인에게 이해시키기가 어렵기 때문일 것이다.

　하지만 이제는 일반인이 피부장벽을 올바로 알고 건강한 피부를 가꿀 수 있도록 전문가가 안내해 주어야 할 때가 아닌가 싶다. 내용이 조금은 어려울 수 있으나 자상하고 친절한 멘토가 설명해 준다면 쉽게 이해할 수도 있을 거라 믿는다. 피부과 의사로서 모든 사람의 '피부 멘토'가 될 수 있다면 그보다 더 멋진 일이 어디 있겠는가.

피부 고민 없어지는 그날까지

처음 책을 펴낸 지 벌써 10년이 지났다. 그때만 해도 피부장벽의 개념이 모두에게 생소할 때였는데, 이제는 다수의 화장품 브랜드에서 피부장벽에 집중한 제품을 출시하는 것을 볼 수 있다.

10년 전에 비하면 갈수록 더 많은 이들이 피부 건강에 관심을 갖게 되었지만 여전히 해결되지 않는 피부 고민에 고통을 호소하는 환자들이 많다. 그 원인은 피부장벽의 중요성을 인지하지 못할 뿐 아니라 자신의 피부 타입(유형)조차 정확하게 파악하고 있지 못하기 때문이라고 생각한다.

그간 '뷰티 테크'라는 카테고리가 등장하였고, 피부 과학 분야에서의 연구와 혁신은 매년 새로운 발견과 인사이트를 제공하고 있다. 이에 따라 피부 관리에 대한 접근 방식도 새로워지고 있다.

우리는 오랜 시간 연구 끝에 동양인, 특히 한국인에 최적화된 피부 유형 시스템을 개발했다. 46만 데이터에 근거해 피부 유형을 8가지 타입(ex.수분 부족형 지성)으로 나누고 6가지 지표별(수분, 유분, 민감, 탄력, 색소, 모공)로 피부 상태를 측정해 개인화된 솔루션 및 제품 추천을 제공한다.

고운세상 데이터에 의하면, 10명 중 8명 이상이 민감성 피부를 갖고 있는 것으로 드러났다. 민감성 피부 고민의 1위는 여드름과 같은 트러블, 2위는 블랙헤드, 3위는 모공으로 나타났다. 피부 고민에 대한 근본적인 해결책을 갖기 위해서는 우선 이 책을 통해 피부장벽과 피부 유형에 대한 이해를 가져 보기를 추천한다.

누구나 건강한 피부를 갖도록 돕는 것을 미션으로 살고 있는 피부과 의사로서 이 책을 통하여 보다 많은 사람들이 자신의 피부 유형을 정확하게 파악하고 그에 적합한 올바른 화장품 사용을 통해 건강한 피부를 가질 수 있기를 소망한다. 피부 고민을 가진 모든 이들이 건강한 피부로 행복한 삶을 누리길 희망하며.

2024년 5월 30일

안건영

아름다움을 넘어 건강한 피부를 위해

아름다움을 추구하는 데 있어서 많은 사람들이 높은 가치를 부여하고 이에 대한 다양한 지식이 범람하는 요즈음, 넘쳐나는 정보 속에서 무엇이 진실인지 또는 거짓인지를 알려 주는 일은 전문가인 우리에게도 쉽지 않은 일이다.

단순히 다른 사람들의 '~좋더라'라는 말 한마디를 맹신하는 사람들을 진료실에서 만나 이를 정확히 바로잡아 주느라 애쓰는 후배들을 보면 더욱 그러하다.

안건영 원장은 국내에서 일찍이 피부의 미용적 접근을 시작한 선구자로서, 진료 일선에서 올바른 피부 정보를 알리기 위해 많은 노력을 해 온 사람이다. 안 원장이 이번에 피부장벽에 대한 올바른 지식을 알리고자 피부 멘토링 책자를 만든다고 했을 때, 반갑기도 하면서 또 새로운 일을 시작하려는 그를 마음속으로 응원했다.

『피부과 전문의가 들려주는 스킨 멘토링』의 주요 키워드인 '피부장벽'은 피부과학 분야에서 많이 논의되어 온 분야로, 단순히 아름다움을 넘어 건강한 피부를 위해 꼭 알고 있어야 하는 분야이다.

안건영 원장은 이 책을 통해 피부 메커니즘과 피부 트러블의 관리 방법 등, 전문적인 내용을 독자들이 알기 쉽도록 눈높이를 맞춰 간단한 메시지와 삽화를 곁들여 설명했다.

이 책이 책 제목처럼 모든 이들의 피부를 건강하고 아름답게 멘토링하는 올바른 피부 멘토(Skin Mentor)로서의 역할을 해 주었으면 하는 바람이다.

중앙대학교 의료원장 겸 의무부 총장

홍창진

CONTENTS

CHAPTER 1
피부의 운명을 바꿀 수 있는 비밀

CHAPTER 2
고운 피부를 유지하는 비밀, 피부장벽

CHAPTER 3

내 피부장벽을 파괴하는 화장품, 살리는 화장품

CHAPTER 4

기능성 화장품, 제대로 알고 쓰자

CHAPTER 5

피부 SOS, 피부가 보내는 경고 메시지

특별 부록

피부 속설과 궁금증

CHAPTER

1

자신이 어떤 피부 유형의 소유자인지 모르고 화장품을 사용하는 것은 지도나 내비게이션 없이 초행길을 찾아가는 것과 마찬가지다. 자신의 피부 유형을 정확히 아는 것은 아름다운 피부를 건강히 지키기 위해서 필수적인 전제 조건이라고 할 수 있다.

피부의 운명을
바꿀 수 있는 비밀

01

내 피부 유형,
제대로 알고 있나?

"당신은 자신의 피부가 어떤 유형에 속하는지 알고 있는가?"

화장품을 사용하는 인구가 증가하고, 그에 따른 이점과 부작용이 많아지면서 이제는 내 피부 유형을 정확히 알고 있는지가 중요한 시대가 됐다. 많은 미용 잡지들이 흔히 피부를 지성, 건성, 중성, 민감성의 4가지 유형으로 나누어 설명하곤 하는데, 사실 그 방식은 100년 전 분류법이다. 현재 피부과학 교과서의 분류법과는 큰 차이가 있다. 미국 마이애미 대학의 조사에 의하면, 무려 80%의 사람들이 자신의 피부 유형을 정확히 모르고 있다고 한다.

"피부 유형을 정확히 아는 게 그렇게 중요한 일일까?"

피부과 의사의 입장에서 대답하자면 물론 "그렇다"이다. 화장품 트러블 때문에 피부가 나빠져서 피부과를 찾아오는 사람이 의외로 많기 때문이다. 자신이 어떤 피부 유형의 소유자인지 모르고 화장품을 사용하는 것은 지도나 내비게이션 없이 초행길을 찾아가는 것과 마찬가지다.

예를 들어 피지가 많이 나오는 지성 피부인 사람이 건성 피부용 보습제를 사용하는 경우 어떻게 될 것 같은가? 건성 피부용 보습제라 함은 유분이 많이 함유돼 있는 제품이라는 것인데, 이를 지성 피부에 바르면 피부가 더 번들거릴 뿐 아니라 본인의 피지와 화장품의 유분 성분이 섞이면서 모공을 막기 쉬워진다. 그 결과 여드름까지도 생길 수 있다. 왜냐하면 여드름 균은 모공이 막히면 번식하기 쉬운 혐기성 균이기 때문이다.

반대로 건성 피부이면서 홍조가 심한 사람이 지성 피부용 보습제나 클렌징을 사용하면 어떻게 될까? 지성 피부용 보습제는 유분 함유량이 적어서 바짝 마른 건성 피부의 수분을 지켜 주기에는 역부족이다. 그리고 세정력이 좋은 지성 피부용 클렌징은 가뜩이나 수분이 부족한 건성 피부의 피부장벽을 손상시켜 홍조증을 더 악화시킬 것이다.

이처럼 자신의 피부 유형을 정확히 아는 것은 아름다운 피부를 건강히 지키기 위해서 필수적인 전제 조건이라고 할 수 있다.

"그렇다면 어떻게 해야 내 피부 유형을 알 수 있을까?"

02

8가지
피부 유형 분류법

+ 45만 데이터로 8가지 피부 유형을 정의하다

단순히 피부를 지성, 건성으로 나누고 있진 않은가? 피부는 생각보다 다양한 속성을 지니고 있으며, 이것들을 제대로 파악해야 올바른 피부 관리를 실천할 수 있다. 해외에서 쓰이는 피부 유형 분류법이 있으나, 아시아인에게서 나타나는 대표적인 특징인 수분 부족형 지성(수부지) 등을 분석하기엔 한계가 존재한다.

실제로 고운세상코스메틱의 데이터[1]를 살펴보면 5명 중 1명은 수부지 피부 타입을 갖고 있다. 따라서 아시아인과 한국인의 특성에 맞게

---

1 고운세상코스메틱 누적 DB 244,694건 기준(2018.01.~2020.12.)

피부 타입을 정의할 필요성을 느끼게 되었고, 45만 데이터에 근거해 8가지 피부 유형을 나눴다.

피부 유형을 결정짓는 주요 카테고리는 유분, 민감성, 수분으로 나누었다. 피부 유형을 이렇게 세분화하는 이유는 앞서 말했듯이 각각의 피부 속성에 따라 그에 맞는 적합한 스킨케어가 요구되기 때문이다. 이는 반대로 피부 유형에 적합하지 않은 스킨케어를 하거나 화장품을 사용하는 경우엔 트러블이 발생할 수도 있다는 의미이기도 하다.

그러면 내 피부 유형은 어떻게 찾을 수 있을까? 고운세상코스메틱 홈페이지를 방문하여 'Ai 피부 분석'에 참여하면 간단하게 알 수 있다. 화장기가 없는 민낯 상태에서 휴대폰으로 얼굴을 촬영하고, 라이프스타일 및 과거력을 묻는 설문에 응답하면 간단하게 나의 피부 유형을 알아낼 수 있다.

피부 유형을 결정짓는 카테고리는 다음과 같다.

1. 유분이 얼마나 충분한가?

Dry
유분 부족

Oily
유분 과다

2. 피부가 얼마나 예민한가?

Sensitive
민감성

Non - sensitive
민감하지 않은

3. 수분이 얼마나 충분한가?

-dehydrated
수분 부족

+ hydrated
수분 충분

이 3가지 카테고리 중 각각 어디에 해당되는지를 따져 보면 총 8가지의 조합, 즉 8가지 피부 유형이 나온다. 자신의 피부 유형을 정확히 아는 것이 건강한 피부를 지키는 첫 단계다. 세안 후 피부가 많이 땅긴다고 자신의 피부 유형이 '건성'이라고 생각하는 '지성 피부'가 많다.

지성 피부라도 알칼리성 세안제를 사용하면 지질 성분을 많이 빼앗기기 때문에 피부가 땅길 수 있다. 문제는 지성 피부인 사람이 건성용 제품을 사용하는 경우로, 유분이 과다해져 모공을 막고 트러블을 일으키는 원인이 될 수 있으므로 주의해야 한다.

:: 8가지 피부 유형 ::

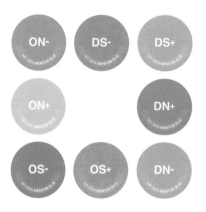

:: 피부 유형을 결정짓는 3가지 지표 ::

03

피부와
유전자

인간의 몸은 유전자로부터 전달받은 정보를 세포가 정상적으로 수행하면서 기본적인 삶을 유지한다. 유전자의 비밀을 알면 질병 치료나 건강에 많은 도움이 될 수 있다는 사실 때문에 1990년 전 세계 과학자들의 야심찬 프로젝트인 인간게놈 프로젝트가 시작되었다.

이 프로젝트는 2003년에 완료되었고, 30억 개나 되는 인간 유전자의 염기서열을 알아냈다. 연구 결과 인간의 유전자는 모두 약 20,000~25,000개로 이루어졌다는 사실을 알아내기에 이르렀고, 이후 각 유전자별로 질병이나 건강 유지에 있어서 어떤 의미를 갖고 있는지에 대한 연구가 활발하게 진행 중이다.

피부 유전자 연구도 마찬가지로 활발하게 진행되고 있다. 타고난 내 피부가 어떤 특성을 가지고 있는지 알 수 있다면 피부질환의 치료에도, 건강한 피부를 가꾸는 데에도 큰 도움이 될 수 있기 때문이다. 예컨대 흔히 동안이라고 불리는 얼굴은 자신의 노력으로도 만들 수 있지만 사실은 유전적인 영향이 지대하다. 즉, 엄마가 동안이면 나도 동안일 확률이 높은 것이다.

여드름도 부모님의 사춘기 스토리를 알면 내 운명도 짐작할 수 있다. 그뿐 아니라 대머리나 아토피도 유전자의 영향이 지대하기에 내 유전자 정보를 사전에 알 수 있다면 그 피해를 최소화할 수 있다. 이제는 유전자 검사를 통해 타고난 내 피부의 속성도 알아낼 수 있는 시대에 성큼 다가서고 있는 것이다.

+ 피부는 외부 환경의 영향을 가장 많이 받는 인체 장기

한편 우리 피부는 유전적인 요인 외에도 생활습관이나 자외선과 환경에 의한 영향을 무척이나 많이 받고 있다. 피부는 인체와 외부 환경과의 접점이기 때문이다. 따라서 인체의 모든 장기 중에서 피부만큼 환경의 영향을 많이 받는 장기는 없다고 할 수 있다.

수많은 환경 요인 가운데 피부에 가장 많은 영향을 미치는 것을 꼽으라면 단연코 자외선이다. 강한 자외선에 자주 노출되면 색소도 많이 생기고 주름도 더 깊어진다. 심하면 피부암까지도 생긴다. 그 밖의 환경 요인들로는 기후, 먼지, 흡연 등이 있다. 특히 흡연은 피부를 거무칙칙하게 만들고 모공을 커지게 하는 요인이기도 하다. 온도와 습도도 피부에 많은 영향을 미친다. 건조한 기후에 살면 피부도 건조해지고, 덥고 습한 기후에 살면 땀과 피지 분비가 많아지면서 습진이 생기거나 모공이 넓어지기 쉽다.

즉, 유전적으로 좋은 피부를 타고났다고 하더라도 라이프 스타일을 관리하지 않으면 피부는 망가질 수 있다는 얘기다. 반대로, 좋지 않은 유전자를 가지고 태어났다 하더라도 피부에 관심을 갖고 올바른 관리를 해 주면 건강한 피부를 유지할 수 있다. 따라서 건강한 피부를 위해서는 '유전적으로 타고난 피부(genotype)'가 어떤지를 아는 것과 더불어 '후천적 환경적 요인(phenotype)'까지 모두 파악해서 피부를 관리하는 것이 가장 이상적이라고 할 수 있다.

+ 남들이 다 좋다는 고가의 화장품, 왜 나한테는 맞지 않는 걸까?

30대 골드 미스인 유별나 양. 그녀는 남부럽지 않은 직장과 외모의 소유자로 평소 자신에게 투자를 아끼지 않는다. 요즘 유별나 양의 고민은 피부다. 지난여름 바캉스를 다녀온 뒤 눈가 주름도 깊어지고 기미 잡티까지 생기기 시작하니 고민이 이만저만 아니다. 고가의 유럽 화장품도 써 봤지만 별무신통인 데다가 얼굴에 트러블까지 생겨 피부과 신세를 지고 있다.

남들이 다 좋다는 고가의 화장품이 왜 그녀에게는 맞지 않는 걸까? 정답은 자기 피부 유형에 맞지 않는 제품을 사용했기 때문이다. 사실 화장품을 선택함에 있어서도 타고난 피부 유형과 현재의 피부 상태를 아는 것만큼 중요한 것은 없다. 비싸다고 다 좋은 것은 아니다. 무턱대고 '친구가 효과를 봤으니 내게도 좋을 거야!'라고 생각하면 나만의 착각이요, 잘못하면 큰 코 다칠 수도 있다.

피부 건강을 위해서라면 선천적인 내 피부에 맞고, 현재 피부 상태에도 맞는 화장품을 찾아 사용해야 한다. 그런데 지금까지는 자신의 유전자나 정확한 피부 유형에 대해 알 수 있는 길이 없었다. 그저 주변의 추천이나 광고 등을 통해 화장품을 구입하다 보니 오히려 '본인에게 적합하지 않은 화장품'으로 인해 피부가 나빠지거나 민감해지는 사람도 적지 않았다. 즉, 아무리 고가의 화장품이라 하더라도 자기 피부에 맞지 않으면 오히려 독이 될 수 있는 것이다.

피부에 영향을 미치는 유전자들

    피부과학자들과 유전학자들은 피부 건강에 영향을 미치는 유전자들을 찾아내는 노력을 지속적으로 기울이고 있다. 이러한 유전자들을 찾아냄으로써 인류의 삶을 향상시킬 수 있기 때문이다. 다음의 유전자들은 피부 유전자 연구를 통해 찾아낸 의미 있는 결과들의 예시다.

필라그린 유전자 FLG gene

필라그린 유전자는 천연보습인자(NMF, Natural moisturizing factor)와 피부장벽을 형성하는 데 있어서 가장 중요한 물질인 필라그린(Filaggrin)의 합성에 관여하는 유전자다.

피부장벽 기능이 손상된 대표적인 질환인 아토피 피부염의 경우 FLG 유전자의 변이(mutation)가 정상인에 비해 2배 이상 높다. 만약 유전자 검사를 통해 FLG 유전자의 변이가 있는지 알아낼 수 있다면 피부 건조증이나 아토피 피부염에 대해 더 조심할 수 있을 것이다.

자외선에 의한 광노화와 연관된 유전자 MMP1

피부가 탄력을 유지할 수 있는 것은 진피의 80%를 차지하는 콜라겐 섬유가 질기고 튼튼하기 때문이다. 그런데 자외선은 MMP1 유전자의 DNA 변이를 일으켜 콜라겐 섬유를 끊어 노화를 촉진한다. 따라서 MMP1 유전자의 변이가 있는 사람은 자외선 노출에 특별히 더 신경 쓰는 것이 좋다.

자외선 내성 유전자 UVRAG

지난 2016년 5월 미국 남캘리포니아대학(USC) 쳉유 량 교수의 연구팀은 학술저널 『Molecular Cell』에 '자외선에 손상된 피부세포의 회복 속도에 영향을 미치는 유전자'를 발표했다. 량 교수는 "이 자외선 내성 유전자(UV-resistant gene)가 자외선으로 인한 손상이 발생한 후 세포로 하여금 스스로 회복되도록 촉진시켜 주는 기능과 작용 과정을 완전하게 규명할 경우 피부암을 치료하는 약물을 개발하는 데도 도움을 받을 수 있게 될 것"이라고 말했다.

중증 여드름에 관여하는 DDB2, SELL

2014년 『Nature』에 이 두 가지 유전자의 변이가 있는 사람은 중증 여드름의 발병률이 높다는 연구가 보고되었다.

주사(rosacea)와 관련된 BTNL2 (butyrophilin-like 2)와 HLA-DRA

스탠퍼드 의대의 Anne Lynn S. Chang 박사는 2015년 3월 피부연구학술지 『JID』에 26,000명의 모집단 유전자 검체를 대상으로 연구한 결과, 주사를 가진 3,000명에게서 BTNL2와 HLA-DRA 유전자와의 높은 연관성이 있음을 보고했다.

피부수화 유전자 아쿠아포린3
(Aquaporin3, AQP3)

아쿠아포린3 유전자는 표피 각질층 아래의 수분을 붙잡는 데 중요한 역할을 하는 것으로 밝혀졌다. 특히 중국의 한족을 대상으로 한 연구에서 이 유전자의 변이가 있는 경우에 피부가 쉽게 건조해지고 푸석푸석해질 수 있다는 보고가 있다.

얼굴 잡티 생성과 관련된
IRF4, MC1R, RALY/ASIP, BNC2

2015년 미국 피부연구학술지에는 이 유전자들이 얼굴의 잡티 형성과 관련이 있다는 연구 결과가 실렸다.

이 밖에도 MC1R 유전자를 가진 사람은 또래보다 2년까지 늙어 보이는 등 많은 유전자들이 피부와 연관성이 있다는 사실들이 밝혀지고

있다. 모든 유전자를 다 검사하고 밝혀내면 좋겠지만 현실적으로는
어려운 일이고, 피부 유형별로 영향을 많이 미치는 대표적인 유전자
에 대해서 알아 두면 도움이 될 것이다.

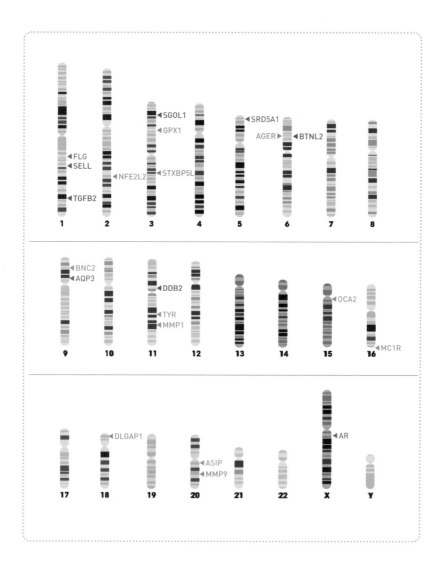

SKIN
MENTORING

화장품을 사용하는 사람, 피부에 고민이 있는 사람
이라면 반드시 알아야 하는 게 피부장벽이다. 피부
장벽이라는 단어가 일반인에게는 생소할 것이다.
그러나 단언컨대 건강한 피부를 유지하는 데 이보
다 중요한 것은 없다.

고운 피부를
유지하는 비밀,
피부장벽

01

피부과 의사는
때를 밀지 않는다

＋너무나 소중한 피부장벽

　오래전부터 우리나라의 목욕 문화가 인기를 끌면서 일본이나 중국에서 '원정 때밀이 관광'을 오는 사람들이 많아졌다. 때밀이를 처음 경험하는 외국인들은 이태리타월로 등을 문지르자 시커먼 때가 나오는게 신기하기도 하고, 몸에 그렇게나 많은 묵은 때가 있다는 것에 놀라기도 하면서 때밀이에 열광했다.

　그런데 아이러니하게도 우리나라에서는 갈수록 때를 미는 사람이 줄어드는 추세다. 간단한 샤워와 바디 스크럽으로 때밀이를 대신하는 것이다. 또는 때를 밀기는 하지만 예전보다는 자주 밀지 않는다는 사람도 많다.

그럼에도 때를 밀지 않아서 개운치 않다면, 피부과 의사 치고 때를 미는 사람이 없다는 사실에 주목하기 바란다. 때는 여러분이 생각하는 것보다 훨씬 더 귀한(?) 우리 몸의 일부다. 그냥 밀어내기엔 너무 아깝다. 그래서 때의 중요한 기능을 아는 피부과 의사들은 때를 밀지 않는다.

때의 주성분은 각질세포다. 각질 혹은 각질세포란 피부의 표피를 이루는 세포가 수명을 다해서 피부 가장 바깥쪽(표피)에 쌓인 죽은 세포다. 과거에는 각질이 그저 죽은 세포라서 별 기능이 없는 것으로 여겨졌지만, 최근에는 이 죽은 세포가 단순한 물리적 장벽으로만 존재하는 것이 아니라는 사실이 밝혀졌다. 보습, 면역, 노화에 이르기까지 폭넓은 '피부장벽'으로 중요한 역할을 담당하고 있다는 사실이 알려지면서 그 기능에 대해 많은 연구가 진행되고 있다. 내가 앞으로 이야기하고자 하는 게 바로 '때', 아니 '피부장벽'이다.

때가 천대받은 것만큼이나 '피부장벽'에 대해서도 아직까지 많은 사람들이 무지하다. 그 이유는 지금까지 어느 누구도 피부장벽에 대해 이야기해 주지 않았기 때문이다. 그러나 화장품을 사용하는 사람, 피부에 고민이 있는 사람이라면 반드시 알아야 하는 게 바로 피부장벽이다. 피부장벽을 알아야만 내 피부 유형을 알 수 있고, 내게 맞는 화장품도 알 수 있기 때문이다.

02

피부장벽을 알아야
내 피부를 보호할 수 있다

피부장벽이라는 단어가 일반인에게는 생소할 것이다. 그러나 단언
컨대 건강한 피부를 유지하는 데 이보다 중요한 것은 없다. 너무나도
중요하지만 누구도 심층적으로 설명해 주지 않았던 것이기에 이 책에
서만큼은 여러분이 피부장벽을 알고 이해할 수 있도록 최대한 쉽게,
핵심만을 짚어서 이야기하고자 한다.

＋3개의 피부층과 피부장벽

피부장벽은 피부의 제일 바깥쪽에 있는 각질층에 위치하는 우리 몸
의 '방어막이자 보호막'이다. 내 몸의 가장 최전방에서 외부의 유해 환

경으로부터 몸을 방어하는 동시에 피부의 수분을 지켜 주는 보호막이 바로 피부장벽이다. 그렇기 때문에 피부장벽이 튼튼해야 건강한 피부를 가질 수 있는 것은 당연지사이다.

그렇다면 도대체 피부장벽은 무엇이고 어떤 물질들로 이루어진 걸까? 간단하게 설명하면 피부의 가장 바깥층인 각질층을 피부장벽이라고 할 수 있는데, 좀 더 엄밀하게 말하면 그 각질층 안에 피부장벽이 있다.

각질층을 흔히 '때'라고 말하는데, 그렇다면 이 '때'가 바로 '피부장벽'인 걸까? 전문적으로 따지면 조금씩 다르지만 사실상 거의 같다고 보면 된다. 우리가 목욕하면서 숱하게 밀어냈던 그 '때'가 바로 소중한 피부장벽이었던 것이다. 피부장벽을 이루고 있는 각질층은 단백질 40%, 수분 10~40%, 지질 10~20%, 기타 물질로 구성되어 있다.

피부는 크게 표피층, 진피층, 피하지방층의 3개 층으로 나뉜다. 표피층은 피부의 제일 바깥쪽에 위치하고 대부분 각질형성세포로 이루어져 있다. 두께는 인체 부위에 따라 다르지만 1㎜가 안 되는 매우 얇은 층이다. 표피층에는 각질형성세포 외에도 멜라닌 색소를 만들어 내는 멜라닌 세포, 면역 반응을 담당하는 랑게르한스 세포 등이 있다.

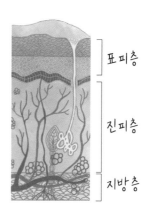

진피층은 콜라겐이 있는 곳이다. 콜라겐뿐 아니라 땀샘, 털, 피지선, 모세혈관 등 여러 피부 부속기관을 포함하고 있는 곳이기도 하다.

+ 피부장벽은 어디에 있을까?

　피부장벽은 각질층에 있다. 즉, 표피층 중에서도 가장 바깥쪽에 위치한다. 각질층은 사람이 외부 환경에 접촉하는 최전방의 구조물이다. 부위에 따라 차이가 있지만 각질층에는 15~30겹의 각질이 쌓여 있다. 각질층의 각질을 만들어 내기 위해서는 세포가 필요한데, 그 세포가 바로 표피층의 90% 이상을 차지하고 있는 '각질형성세포'다. 각질형성세포의 최종 목적은 말 그대로 '각질'을 만들어 내는 것이고, 바꾸어 말하면 '피부장벽을 만드는 것'이라고 해도 과언이 아니다.

피부 모식도

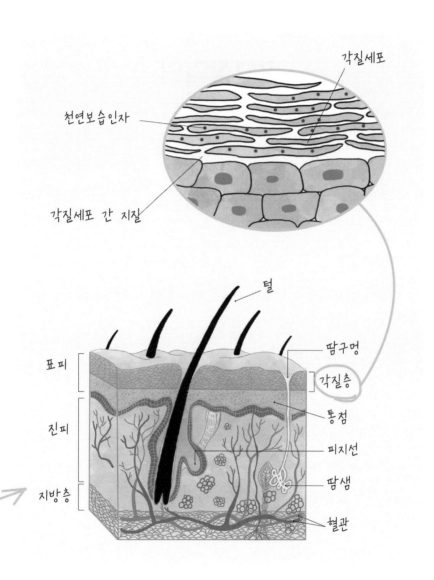

각질세포

천연보습인자

각질세포 간 지질

털

땀구멍

각질층

통점

피지선

땀샘

혈관

표피

진피

지방층

03

피부장벽의
구성

"우리 몸의 수분을 보호하고 외부로부터 유해물질의 침입을 막아 주는 데 있어서 가장 중요한 역할을 하고 있는 피부장벽. 피부장벽이 어떻게 이루어져 있고 어떤 역할을 할까?"

피부장벽의 구조를 알면 하루아침에 뒤집어진 피부, 갑자기 올라온 뾰루지, 건조해진 피부의 원인을 알 수 있다.

각질층은 각질세포 외에도 다양한 성분으로 이루어져 있다. 각질세포 사이사이를 메워 주는 각질세포 간 지질과 각질층의 표면을 덮고 있는 피지막, 각질교소체, 치밀이음부, 항균 펩타이드가 함께 존재한다. 이들과 약산성 pH가 어우러져 피부장벽을 이루고 있다.

각질세포는 그림에서 보는 것처럼 여러 층으로 겹겹이 쌓여 있고,

이들 사이사이에는 지질 성분이 있
는데 이를 '각질세포 간 지질'이라고
부른다. 각질세포와 각질세포 간 지
질의 구조를 보면 뭔가 떠오르지 않
는가? 마치 벽돌 하나를 올리고 시멘
트를 바른 다음 또 벽돌 하나를 올리

두 구획 모델의 모식도

는 것처럼 층층이 쫀쫀하게 쌓여 있음을 알 수 있다.

　일찍이 캘리포니아대학교(UCSF)의 엘리아스 교수는 이 두 성분이 어
우러진 구조를 '벽돌과 회반죽' 구조라 명명하기도 했다. 벽돌을 가지런

히 쌓고 시멘트를 빈틈없이 발라
야 튼튼한 장벽이 되듯이 피부장
벽도 각질세포가 건강하고 빈틈없
이 차곡차곡 쌓여 있어야 장벽의
역할을 제대로 수행할 수 있다.

피부장벽을 구성하는 것들

- 각질세포
- 각질세포 간 지질
- 각질교소체
- 치밀이음부

- 피지
- 항균 펩타이드
- 각질세포
- 약산성 ph

+ 보습에 관여하는
각질세포 간 지질(Intercelluar Lipid)

각질층이 들뜨고 세포 간 지질이 부족하면 피부에 여러 가지 문제들이 발생하기 시작한다. 피부장벽의 구성요소 가운데 보습에 있어서 가장 중요한 역할을 하는 요소가 바로 '각질세포 간 지질'이다.

각질세포 간 지질은 주로 콜레스테롤, 세라마이드, 자유지방산, 콜레스테롤 황산염 등으로 이루어져 있는데, 이 지질 성분들이 시멘트처럼 각질 세포들을 촘촘하게 붙여 줌으로써 '피부장벽'을 견고하게 만든다. 예컨대 피부 속의 수분이 증발하는 것과 외부의 세균이나 독소가 피부 속으로 침투 하는 것도 막아 준다.

피부장벽 손상으로 발생하는 아토피 피부염은 대표적인 피부 질환이다. 피부장벽 중에서도 특히 각질세포 간 지질에 이상이 있어서 발생하는 질환이다. 아토피 피부염의 경우 세라마이드 성분이 심각하게 부족하다. 특히 세라마이드 1이 정상인의 20%밖에 되지 않는데, 이로 인해 아토피 피부염의 대표적인 증상인 피부 건조가 나타나는 것이다.

노인성 건성 습진도 피부장벽 손상의 대표적인 예다. 두 질환 모두 피부에 수분 결핍 증상으로 나타나지만 그 원인은 다르다. 노인성 건성 습진은 아토피 피부염과 달리 '콜레스테롤' 성분의 결핍이 주원인이다.

각질세포 간 지질이 피부장벽 중에서도 가장 중요한 역할을 담당하고 있는 만큼 학계에서는 각질세포 간 지질의 기능에 대한 연구가 꾸준히 이루어지고 있고, 최근에는 이를 활용한 보습제들이 일반 보습제보다 생리적으로 더 효과가 높다는 것이 밝혀져 피부의 지질 성분을 함유한 제품들이 속속 개발되고 있다.

각질세포 간 지질의 종류 및 기능

〈스핑고지질〉

각질세포 간 지질 성분 중 가장 많은 양을 차지하며, 장벽 기능의 가장 중요한 지질 성분 중 하나인 세라마이드의 전구체다.

〈콜레스테롤〉

표피 지질의 30%를 차지하며, 노화에 따른 피부 건조는 콜레스테롤 결핍이 주원인이다.

〈자유지방산〉

각질층의 ph를 약산성으로 유지하는 데 중요한 요소다.

+ 항균 작용과 수분 공급에 관여하는 피지막(Sebum)

각질세포 간 지질이 피부장벽 기능에서 가장 중추적인 역할을 담당하고 있다면, 피부의 가장 표면을 덮고 있는 피지막은 군대로 비유하면 경계병의 역할을 담당한다. 피지는 전쟁터의 맨 앞에 서서 세균이나 곰팡이로부터 피부를 보호해 주는 것(항균작용)은 물론 먼지, 메이크업 잔여물이나 유해물질을 흡착한 다음 이를 피부에서 분리해 1차적으로 피부를 보호한다. 또한 각질층의 수분을 유지하고 항산화 물질을 공급하는 역할도 한다.

그렇다면 피지는 각질세포 간 지질과 어떻게 다른 걸까. 둘 다 기름(지질) 성분이다. 다만 같은 기름이라도 피지 성분은 각질세포 간 지질과는 조성이 다르다. 예를 들면 피지는 각질세포 간 지질에는 없는 스쿠알렌과 왁스 에스테르 성분을 포함하고 있는데, 스쿠알렌의 경우는 각질층에 항산화 물질을 공급하는 역할을 하는 것으로 알려져 있다. 조성이 다른 만큼 피지와 각질세포 간 지질은 그 기능에도 차이가 있다.

04

피부장벽이 무너지면
생기는 변화들

피부장벽에 대해서는 이 책의 모든 페이지를 다 할애해서 설명해도 부족할 정도지만, 이쯤 해서 피부장벽에 대한 간단한 소개를 마치겠다. 아직도 피부장벽에 대해 잘 모르겠다는 분을 위해 피부장벽이 무너지면 나타나는 우리 몸의 다양한 증상들을 소개한다. 우선 내 피부장벽은 얼마나 건강한지 다음 체크 리스트를 통해 점검해 보자.

피부장벽 체크 리스트

01. 피부가 계절에 상관없이 건조하고 푸석푸석하다. ☐

02. 환절기에 입술이 건조해지고, 피부의 각질이 잘 일어난다. ☐

03. 최근 12개월 동안 화장품(클렌저, 기초제품, 색조, 자외선차단제 등)을
사용 후 화끈거림 또는 자극을 느낀 경험이 있다. ☐

04. 금이 아닌 액세서리를 착용할 경우에 피부 발진이 자주 발생한다. ☐

05. 향료가 포함된 거품 입욕제, 마사지 오일, 혹은 바디 로션 등을
사용하면 피부 발진이 생기거나, 가렵거나 건조한 느낌이 있다. ☐

06. 운동, 스트레스, 맵거나 뜨거운 음식 등에 피부가 붉어진다. ☐

07. 얼굴이나 코에 붉거나 푸른색의 혈관이 있다. ☐

08. 얼굴에 뾰루지가 잘 생긴다. ☐

09. 피부가 쉽게 자극을 받고 화끈거린다. ☐

10. 가벼운 자극에도 피부가 가렵거나 붉어진다. ☐

6개 이상	4~5개
당신의 피부장벽지수 최악! 피부과 전문의 상담 필요	무너진 피부장벽의 복구가 시급한 상태! 계속 방치하면 위험
2~3개	**0~1개**
당신의 피부장벽지수 손상 초기! 장벽의 손상을 의심	당신의 피부장벽지수 합격점! 꾸준히 관리하여 유지

✛ 각질세포 간 지질 결핍으로 인한 아토피

피부가 건조하고 가려운 아토피 피부염은 면역 기능의 이상뿐 아니라 피부장벽의 손상도 주요한 병인이다. 거꾸로 말하면 손상된 피부장벽을 회복시키면 아토피 피부염이 좋아진다는 의미다. 실제로 피부장벽을 회복시키는 보습제를 사용하는 것만으로도 아토피 피부염이 상당히 호전된다.

아토피 피부염의 경우 각질세포 간 지질의 성분 중 하나인 세라마이드의 결핍이 특징적인데, 세라마이드 중에서도 감마−리놀레익산이 정상인의 5분의 1 수준으로 감소되어 있다. 또한 피부의 산도(pH)도 약산성이 아닌 알칼리성이다. 아토피 피부염이 나타났다면 피부장벽이 현저히 무너져 있다는 이야기다.

원래 피부는 약산성(pH 4.5~5.5)일 때가 가장 건강하다. 피부가 약산성이면 미생물과 각종 세균으로부터 피부를 안전하게 지켜 주고 피부가 제 기능을 다할 수 있도록 일정한 환경이 유지된다. 우리가 흔히 사용하는 세제는 먼지나 때를 잘 씻어 내기 위해 알칼리성인 경우가 많은데, 아토피 피부염과 같은 피부장벽 기능의 장애가 있는 피부에 알칼리성 세제를 사용하면 피부 표면의 pH를 증가시켜 더욱 피부 상태를 악화시킬 수 있으므로 주의가 필요하다.

최근 각질세포 간 지질에 관한 연구 결과 '피부장벽 대체치료'라는 개념이 대두되었고 지금까지와는 완전히 다른, 새로운 개념의 보습제들이 등장하기에 이르렀다. 덕분에 지금까지는 아토피 피부염, 건선의 치료제로 주로 스테로이드제제를 사용해 왔는데, 새로운 보습제의 등장으로 스테로이드제제를 사용해서 발생할 수 있던 부작용에 대한 걱정이 줄어들었다.

+ 모낭벽의 과각화로 나타나는 여드름

여드름의 피부병리학적 변화 소견

- 모낭벽의 과각화(각질 플러그 형성)
- 피지 분비의 증가
- 여드름 균의 증식

사춘기에 접어들면서 본격적으로 꽃피우는 여드름. 피부병리학적으로 여드름 피부는 피지선이 커지고 모공이 막히는 병적 변화가 관찰된다. 여드름에 대한 본격적인 설명은 5장에서 다루기로 하고, 여기선 여드름과 피부장벽과의 연관성만을 간단히 설명하겠다.

모낭벽의 과각화는 쉽게 풀어서 설명하자면 과도하게 각질이 생성되는 것을 말한다. 여드름의 대표적인 증상은 딱딱하게 굳거나 노란 고름이 차거나 붉은색을 띠기도 하며 모공을 막아 동그랗게 피부가 올라오는 형태인데, 이를 통틀어 전문용어로 '면포'라고 한다. 그리고 여드름의 가장 기본적인 증상인 면포가 생성되는 데 직접적으로 관여하는 것이 바로 모낭벽의 과각화다.

최근 이 과정을 이해하는 데 피부장벽의 개념이 도입되고 있다. 피지 분비의 과다, 남성호르몬의 영향 등으로 인해 모공 입구의 피부장벽이 손상되면 이를 신호로 모낭벽 표피의 과증식이 유발되어 모공 입구에 각질 플러그가 생기고 이 플러그가 모공을 막아 면포가 형성된다는 개념이다.

또한 남성호르몬의 영향으로 피지 분비가 많아지면 각질층에 각질세포 간 지질의 농도가 묽어지면서 피부장벽에 이상이 생긴다. 이러한 이유로 남성 호르몬은 피지 분비를 증가시키는 동시에 각질세포 간 지질이 만들어지는 것을 방해한다.

염증성 여드름이 생겼을 때 분비되는 IL-1도 모공 입구의 각질 플러그 형성을 자극한다. 결과적으로 피지 과잉, 남성 호르몬, IL-1이 합세해서 피부장벽에 이상을 일으켜 여드름 면포 형성을 초래한다.

이 과정들을 되짚어 볼 때, 여드름 피부에 피부장벽을 개선하는 보습제를 사용한다면 반복되는 면포 형성의 고리를 끊어 버릴 수 있다는 것이다.

✛ 지질층 손상으로 인한 접촉 피부염

습진 중에서 피부에 어떤 물질이 닿았을 때 민감한 반응을 일으키는 것을 접촉 피부염이라고 한다. 이 접촉 피부염 역시 피부장벽 기능의 손상이 주원인이다. 예를 들어 피부에 자극을 줄 수 있는 화학 물질, 즉 붙이는 파스의 접착제, 합성섬유가 섞인 타이트한 옷 등을 반복적으로 오래 사용하다 보면 접촉 피부염이 생길 수 있다. 자극의 강도나 지속 정도, 물질의 농도에 따라 만성 또는 급성 접촉 피부염이 유발되는 것이다.

그중에서도 우리가 흔히 사용하는 세제(계면활성제)나 유기용제와 같은 자극원은 피부장벽의 지질층을 녹인다. 즉, 피부장벽을 직접적으로 훼손시키고, 손상된 피부장벽을 통과한 자극원은 쉽게 피부 깊이 침투하여 염증을 유발한다. 예를 들어, 맨손으로 설거지를 자주 하면 세제에 의해 피부장벽이 손상되어 '주부습진'이 발생하기도 한다.

또 아세톤이나 소듐라우릴설페이트와 같은 유기 용매는 피부장벽을 손상시킬 뿐 아니라 피부에서 알레르기 반응을 담당하는 세포(랑게르한스세포)를 증가시켜 면역 반응까지 일으킬 수 있다. 접촉 피부염에 대한 더 자세한 내용은 5장에서 다루겠다.

Skin Mentor's Message

◆

지금까지 소개한 아토피 피부염, 여드름, 접촉 피부염 외에도 노화 피부, 건선 등 많은 피부 질환들이 피부장벽의 이상으로 인해 야기된다. 이는 건강한 피부장벽이야말로 아름답고 건강한 피부의 선결 조건임을 반증하는 것이다.

피부 유형별 피부장벽의
특성을 알아야 한다

+ 섣부른 자가 진단과 자가 처방, 피부를 망친다!

"난 피부가 민감한 편이라, 화장품 잘못 바꿨다간 피부가 확
뒤집어져."

　이렇게 말하는 사람이 많은데, 실제 화장품을 쓸 수 없을 정도로 병
적인 상태의 민감성 피부는 1%에 불과하다. 화장품 트러블은 내 피부
가 민감해서라기보다는 대부분 자신의 피부 유형을 제대로 파악하지
못한 채 화장품을 선택해 사용했기 때문이다.

　주변 사람의 말만 믿고 추천받아서 사용했는데, 정작 그 화장품이
자신과는 맞지 않아서 피부 트러블 때문에 고생했다는 얘기도 많이 들

어 봤을 것이다. 화장품을 선택할 때는 무엇보다 나에게 맞는지를 따져 봐야 한다. 여드름 피부인 친구의 얼굴을 감쪽같이 매끈한 도자기 피부로 만들어 준 화장품이 건조하고 민감한 피부에 맞을 리 없으며, 반대로 건조한 피부를 하루 종일 촉촉하게 유지해 주는 화장품이 유분기 많은 피부에 맞을 리 없다.

아무리 좋은 화장품이라도 자신에게 맞지 않으면 자신에게만큼은 좋은 화장품이 아니다. 무턱대고 다른 사람의 말에 혹해서 화장품을 선택하기에 앞서 자신의 피부 상태와 유형을 정확하게 파악해야 한다.

2022년 고운세상 코스메틱에서 분석한 데이터[2]에 의하면 건성 피부의 비율은 47%, 지성 피부는 53%, 민감성 피부는 90.1%, 민감하지 않은 피부는 9.9%, 수분 부족 피부는 66.1%, 수분 충분 피부는 33.9%였다. 또한 색소성 피부의 비율은 63.5%, 주름진 피부는 68.7%, 모공이 도드라진 피부는 55.6% 비율을 차지했다. 8가지 피부 유형으로 분류했을 때 가장 흔한 피부 유형은 DS−이며, 다음으로 OS−, OS+, DS+ 순이었다.

그런데 이것만 보고도 이미 머릿속으로,

'난 건성인데…. 아니야, 뾰루지가 자주 생기니 지성인 것 같다.'

라는 생각을 하고 있지는 않은가? 섣부른 자가 진단과 자가 처방으

---

2 고운세상코스메틱 누적 DB 11,199건(2022.04.~2022.05.23.) 기준

로 내 피부를 망치고 있지는 않은지 살펴보아야 한다. 피부 유형의 명칭을 보는 것만으로 내 피부 유형을 명명할 수 있다면 얼마나 편할까. 그렇지만 당신이 생각하는 것만큼 피부 유형을 결정하는 일은 간단하지 않다.

흔히 자신의 피부 유형을 건조한가 아니면 기름진가를 기준으로 판단하기 쉬운데, 피부 유형을 나누는 기준은 피지와 수분이 전부는 아니다. 그보다 중요한 것은 나의 피부장벽은 어떠한지를 아는 것이다. 피부장벽은 피부 유형별로 특성이 다르기 때문에 화장품도 그 특성에 맞게 선택해야 한다.

06

8가지 피부 유형과
일상 관리 방법

OS - 수부민지형
Oily, Sensitive, Dehydrated
수분 부족형 민감 지성 피부

- 유수분밸런스가 무너져 속당김을 느끼며 여드름, 홍조 등 민감성 고민을 갖고 있다.
- 과일과 야채를 꾸준히 섭취해 바른 식습관을 가져야 한다.
- 약산성 클렌저로 저자극 세안을 해야 한다.
- 세안 직후 보습제를 반드시 발라야 한다.

ON- 수부지형
Oily, Non-sensitive, Dehydrated
수분 부족형 지성 피부

- 생활 환경이나 계절에 따라 S타입(민감성)으로 바뀔 수 있다.
- 유수분 케어만 잘해 줘도 가끔 보이는 여드름 고민까지 완화될 수 있다.
- 주 2~3회 고마쥐 타입의 필링젤을 이용해 묵은 각질을 정돈한다.

OS+ 민지형
Oily, Sensitive, Hydrated
민감 지성형 피부

- 번들거림과 함께 여드름, 홍조, 알레르기 등 민감성 피부 고민이 두드러진다.
- 젤이나 로션 타입의 순한 무기 자외선 차단제를 사용해야 한다.
- 여드름과 민감, 홍조 고민을 위해 저자극 제품을 선택해야 한다.

ON+ 건지형
Oily, Non-sensitive, Hydrated
건강한 지성 피부

- 피부장벽이 튼튼한 편이나 종종 여드름 고민이 나타난다.
- 주기적인 필링으로 피부에 묵은 각질을 정돈해 주는 것이 좋다.
- 매일 자외선 차단제를 사용해 피부를 보호해야 한다.

DS+ 민건형
Dry, Sensitive, Hydrated
민감 건성 피부

- 알레르기, 습진, 접촉성 피부염 증상이 가장 많이 나타나는 피부 유형이다.
- 피부장벽 보호 및 진정 기능이 있는 보습제를 사용해야 한다.
- 화장품 선택 시, 비교적 자극이 덜한 손등 부위에 테스트를 해 보는 것이 좋다.

DS- 수부민건형
Dry, Sensitive, Dehydrated
수분 부족형 민감 건성 피부

- 번들거림도 적지만 수분도 부족해 주름이 가장 도드라지는 피부 유형이다.
- 지속적인 보습 및 탄력 케어가 중요하다.
- 항산화 성분이 풍부한 음식을 섭취하길 추천한다.

DN+ 건건형
Dry, Non-sensitive, Hydrated
건강한 건성 피부

- 피지가 적으나 유수분 밸런스가 좋은 편에 속하며 튼튼한 피부장벽을 가진 건강한 건성 피부다.
- 계절에 따라 DS- 또는 DN-로 쉽게 변할 수 있기 때문에 주기적으로 피부 상태를 확인하는 것을 추천한다.
- 주기적인 필링(주 1~2회)과 함께 기존 스킨케어 루틴을 지속해도 좋다.

DN- 수부건형
Dry, Non-sensitive, Dehydrated
수분 부족형 건성 피부

- 트러블은 없지만 수분이 부족한 피부 유형으로 자칫 민감해 지기 쉽다.
- 화장품 선택 시 저자극 제품(pH)인지 확인하는 것이 좋다.
- 화이트닝 및 모공 케어에 공들이는 것이 좋다.

　　피부 건강을 위해 자세한 솔루션을 받고 싶다면 Ai 피부 분석를 경험해볼 것을 추천한다(www.dr-g.co.kr). 간단한 피부 촬영 및 설문을 통해 피부 유형 분석 및 6가지 지표별 피부 상태(수분, 유분, 민감, 주름, 색소, 모공)를 확인할 수 있다. 또한 성분 분석 서비스를 통해 화장품이 피부 고민과 잘 맞는지 확인할 수 있으며, 그래도 해결되지 않는 피부 고민은 전문 스킨 멘토에게 1:1로 심층 카운슬링을 받을 수 있다.

STEP 1	STEP 2	STEP 3
Ai 피부 분석을 통한 피부 유형 도출	피부 고민별 제품 성분 분석	1:1 스킨 멘토링

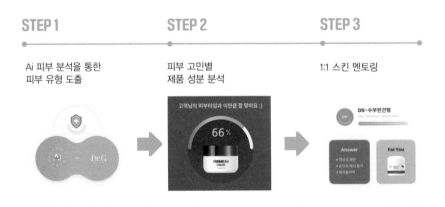

SKIN
MENTORING

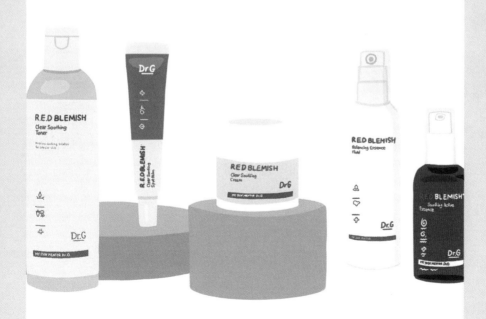

평소에 편리하게 사용하고 있던 것들이 미처 우리
가 알지도 못하는 사이에 피부 노화를 앞당기고 있
다는 사실. 건강한 피부를 위해 피부 유형별 혹은
계절별로 알맞은 세안법, 각질 케어법, 보습제 선택
법을 알아보자.

내 피부장벽을
파괴하는 화장품,
살리는 화장품

01

피부장벽 성분을
빼앗아 가는 클렌징

*"최근 1~2년 사이 눈에 띄게 건조해지고 민감해진 피부가 고민이
에요."*

피부과를 찾아오는 20대 후반 여자 환자 중 50% 이상이 시달리고
있는 고민이다. 나이가 들어서 탄력도 줄고 건조해지는 것이라 생각
하겠지만, 절대적으로 '나이' 때문만은 아니다. 사실 가장 큰 원인은
잘못된 세안법에 있다. 하지만 이러한 사실을 스스로 깨닫는 경우는
없다. 그저 하루빨리 안티에이징 제품을 사용해야 한다고 생각해서
뭔가를 더 피부에 바르려고만 한다.

하지만 세안법을 바꾸지 않는 한 아무리 좋은 안티에이징 제품을
쓴다고 한들 밑 빠진 독에 물 붓기나 다름없다. 알칼리성 세안제로 계

속해서 피부장벽을 씻어 내고 있다면, 아무리 좋은 화장품을 써도 효과를 보기 힘들다. 즉, 세안을 하면 안 된다는 게 아니라 올바른 세안을 해야 한다는 것이다.

우리가 사용하는 화장품 중에서 피부장벽에 가장 영향을 많이 주는 것을 꼽으라면 첫 번째가 세안제다. 장담하건대, 올바른 세안법만 지켜도 손상된 피부장벽의 50%는 좋아진다.

✛ 세안제(계면활성제)가 피부장벽에 미치는 영향

화장품을 사용한 뒤 씻어 내지 않고 방치하면 피부에 오일, 색소, 향 등이 남아 서서히 산패하고 분해되어 피부에 악영향을 미친다. 따라서 피부의 오염물이나 더러움을 깨끗이 씻어 내는 '세안'은 피부 관리에 있어 필수적이다.

화장품을 바른 뒤에 물로만 세안을 하면 얼굴에 얇은 코팅막이 생긴 듯 물방울이 맺히고 화장품이 닦이지 않은 채 그대로 피부에 남는 것을 경험해 본 적이 있을 것이다. 그 이유는 화장품의 유분이 물과 섞이지 않기 때문이다. 특히 메이크업 제품의 경우, 기초 제품보다 유분 함유량이 높아서 물로만 세안해서는 얼굴에 남은 화장품과 불순물을 제거할 수 없다. 그래서 우리가 사용하는 세안제에는 물에도 섞이고 기름에도 섞이는 성분이 필수적으로 포함되어 있는데, 그 성분이 바로 '계면활성제'다.

그런데 계면활성제는 피부의 기름때, 즉 유분만 제거하는 것이 아니라 피부장벽을 이루고 있는 중요한 지질 성분들도 일부 빼앗아 간다. 특히 세정력을 강화하기 위해 알칼리성 계면활성제가 포함된 세안제는 피부의 산도(pH)까지 알칼리로 변화시켜 피부의 항균력을 악화시키기까지 한다.

따라서 세안제를 사용하고 난 뒤에 아무런 후속 조치를 하지 않고 얼굴을 그대로 내버려 두면 절대 안 된다. 세안 직후 내 얼굴의 피부장벽은 무장해제를 당한 상태나 다름없기 때문이다. 다시 말해서 외부의 균이 침투하기 쉽고 피부의 수분도 빼앗기기 쉬운 상태다. 세안 후에는 빨리 빼앗긴 지질을 보충하고 무너진 산도(pH)는 약산성으로 되돌려 놓아야 한다. 세안 후 손상된 피부장벽을 회복시키기 위해서는 반드시 스킨이나 로션을 사용해야 한다는 것! 잊지 말자.

클렌징, 이것만은 알아두자
- 계면활성제가 피부의 지질 성분(피지, 각질세포 간 지질)을 빼앗아 간다.
- 알칼리 세안제는 피부의 산도를 약산성에서 알칼리성으로 전환시킨다.

02

세안제의 종류와
피부 유형별 선택법

세안제를 사용하는 1차적인 목적은 무엇보다 피부 표면의 더러움을 제거하는 것이다. 오염 물질의 특성(먼지, 땀, 피지, 메이크업의 정도 등)에 따라 적절한 세안제를 선택하고, 피부 유형과 상태를 고려한 올바른 세안법으로 세정하는 것이 필요하다.

클렌징 제품(세안제)은 크게 2가지 종류가 있다. 씻어 내는 타입과 닦아 내는 타입. 씻어 내는 타입은 계면활성제를 이용해서 물과 함께 씻어 내는 것이고, 닦아 내는 타입은 '용제형'이라고도 하는데 유분이 함유된 유액의 용해 작용을 이용해 피부의 기름때를 닦아 내는 것이다.

세안제의 제형별 분류 및 특징

1차 클렌징: 닦아 내는 메이크업 클렌징

클렌징 크림

- **추천 피부: 건성 피부 및 일반 피부**
- **세정력: 풀 메이크업, 포인트 메이크업**

  크림 제형의 클렌징 제품은 사용감은 다소 무겁지만 세정력이 우수해 진한 화장을 했을 때 적합하다. 하지만 유분이 많아서 깨끗이 닦지 않으면 잔여물이 모공을 막아 피부 트러블을 유발할 수 있으므로 폼 클렌저나 비누로 이중 세안할 것을 권장한다.

클렌징 밀크(유액)

- **추천 피부: 모든 피부**
- **세정력: 가벼운 메이크업, 포인트 메이크업**

  클렌징 크림에 비해 가볍고, 끈적이지 않는 부드러운 사용감이 특징이다. 피부에 부담이 적지만 그만큼 세정력이 크림에 비해 떨어지므로 풀 메이크업에 사용하기에는 어렵다.

클렌징 워터(액상)	• 추천 피부: 모든 피부, 민감성 피부
	• 세정력: 가벼운 메이크업

산뜻한 사용감을 원하는 사람에게 적합하다. 피부 자극이 적어 민감한 사람도 사용할 수 있으나 세정력이 약해 가벼운 화장이나 선크림 등 일반 화장의 클렌징에 적합하다.

클렌징 젤
• 추천 피부: 모든 피부, 민감성 피부
• 세정력: 포인트 메이크업

클렌징 워터보다는 무거우나 클렌징 로션, 크림보다는 가벼운 사용감으로 수분을 많이 함유하고 있다. 그래서 사용 후에도 산뜻함과 보습감을 준다. 또한 피부에 자극이 적어 피부 유형에 관계없이 사용할 수 있다. 하지만 클렌징 제품 중 세정력이 가장 약한 제품이기 때문에 풀 메이크업에는 권장하지 않는다.

클렌징 오일	• **추천 피부: 건성 피부, 민감성 피부**

• **세정력: 풀 메이크업, 포인트 메이크업**

피부 침투성이 뛰어나 땀이나 피지에 강한 화장도 깨끗하게 닦아 준다. 메이크업을 녹이는 속도가 가장 빠르며, 풀 메이크업, 마스카라와 같은 포인트 메이크업을 지우는 데에도 문제 없다.

반전 클렌징 오일	• **추천 피부: 모든 피부**

• **세정력: 가벼운 메이크업, 포인트 메이크업**

메이크업을 지울 때는 오일 성분으로 클렌징해 주고, 물을 만나면 수용성 세정성분이 거품을 생성하여 물에 깨끗하게 씻어 낼 수 있다. 1차, 2차 세안을 한 번에 해결하는 간편함을 동시에 가지고 있다.

클렌징 밤	• **추천 피부: 건성 피부**

• **세정력: 풀 메이크업, 포인트 메이크업**

클렌징 밤은 밤 타입의 제형이 피부 온도에 자연스레 녹으며 부드럽게 클렌징이 되고, 피부를 문지르면서 마사지 효과를 통한 딥 클렌징이 가능하다. 오일 성분이 피부에 얇은 보호막을 만들어 주어 세안 후에도 건조하거나 피부가 땅기지 않는다.

2차 클렌징 : 씻어 내는 세안제형

비누

- **추천 피부: 모든 피부**
- **세정력: 가벼운 메이크업**

  알칼리 작용으로 피부에 있는 노폐물을 제거한다. 하지만 이러한 특성 때문에 각질층의 pH를 높여 피부장벽을 일시적으로 손상시키고, 피부의 수분 유지 기능을 저하시켜, 피부를 건조하게 만든다. 따라서 민감성, 건성 피부가 비누를 사용할 경우 약산성 비누를 권장한다.

클렌징 폼

- **추천 피부: 모든 피부**
- **세정력: 풀 메이크업**

  비누의 단점인 피부 자극과 피부 건조함을 개선한 제품이다. 비누에 비해 자극이 적어서 세안 후에도 땅기지 않고, 노폐물과 메이크업 잔여물을 제거해 준다. 노폐물과 유분기를 깨끗이 제거할 뿐만 아니라 풀 메이크업도 한 번에 지울 만큼 높은 세정력에, 피부 수분막을 보호하는 기능이 더해져 세안 후에도 오랜 시간 피부가 촉촉하도록 도와주는 장점을 갖춘 클렌저가 많이 나오고 있다.

특히 건성, 민감성, 트러블 피부는 비누보다 폼 클렌징 사용을 권장하는데 이는 폼 클렌징이 비누에 비해서 pH는 낮지만 일반적으로 약알칼리성 제품이기 때문이다.

클렌징 젤
- **추천 피부: 모든 피부**
- **세정력: 가벼운 메이크업, 포인트 메이크업**

  클렌징 젤은 pH가 약산성이며, 합성 계면활성제로 이루어져 있다. 각 제조사마다 여러 종류의 계면활성제를 어떻게 배합하느냐에 따라 세정력과 자극감의 차이가 있다. SLS(라우릴황산나트륨), SLES(라우레스황산나트륨) 등의 성분은 세정력은 우수하나 피부장벽을 손상시킬 수 있으니, 가급적 아미노산계 계면활성제 성분이 함유된 제품을 권장한다.

세안 파우더
- **추천 피부: 모든 피부**
- **세정력: 가벼운 메이크업, 포인트 메이크업**

  클렌징 및 각질 제거 시 일어나는 수분 손실을 최소화해 주며 묵은 각질을 자극 없이 제거하여 필링 클렌징 효과를 준다. 하지만 트러블이 발생하는 경우가 있다. 또한 세정력이 다른 클렌징 제품에 비해 낮기 때문에 풀 메이크업에는 권장하지 않는다.

+ 비누는 얼굴보다는 몸

예전에는 비누로도 세안을 많이 했다. 사실 비누로 하는 것도 크게 나쁘지는 않다. 그러나 비누보다 좋은 세안제들이 등장하면서 상대적으로 비누로 세안하는 것의 장점을 찾기 어려운 것이 사실이다. 특히 비누는 고형제제라는 속성 때문에 약산성으로 만들기가 어렵다. 대체로 딱딱한 비누들은 강한 알칼리이기 때문에 피부의 pH 밸런스를 무너뜨리고, 세정력이 지나치게 강해 각질세포 간 지질까지도 빼앗아가기 쉽다. 게다가 대중적인 비누들은 값싼 계면활성제 성분을 사용하기 때문에 피부 자극도 높은 편이다.

이러한 이유들로 인해 비누를 얼굴용 세안제로 사용하는 것보다는 전신용 세정제로 사용하는 것을 권장하고 있다. 특히 아토피 피부염의 경우엔 피부의 산도가 알칼리로 변하면 피부장벽 기능이 급격히 약해지기 때문에 비누로 세안은 물론 몸을 씻는 것도 절대 피해야 한다.

비누는 pH가 알칼리이므로 비누 세안을 하고 나면 피부는 알칼리성을 띠게 된다. 이후 시간이 지나면서 피지가 분비되어 피지막이 형성되면 피부 pH가 다시 정상(약산성)으로 돌아오긴 하지만, 문제는 시간이 많이 걸린다는 점이다. 피지 분비가 부족한 건성 피부의 경우 무려 5시간이나 걸린다. 그래서 나는 환자들에게 되도록이면 비누 세

안은 피하라고 말한다.

아직까지 대중적이진 않지만 최근에는 비누 원료의 다양화로 천연 재료를 사용하거나 강한 합성향료나 착색료가 많이 함유되지 않은 자극이 적은 제품도 출시되고 있다.

세정력은 다소 떨어지지만 건성 피부라면 클렌저를 선택할 때 자극이 없고 보습제와 에몰리언트제(유분)가 풍부한 타입을 선택하기 바란다.

✛ 클렌징 폼, 알칼리성에서 약산성까지

클렌징 폼은 부드러운 크림으로 손에 적당량을 덜어 소량의 물과 섞어서 거품을 만든 다음에 사용한다. 일반적인 비누를 이용해 세안을 했을 때 느낄 수 있는 피부 땅김을 보완한 제품으로, 비누에 비해 자극이 적고 순한 계면활성제(지방산이나 아미노산계)를 주성분으로 하되, 이 성분의 세정력이 뛰어나 자칫 피부의 유분을 지나치게 빼앗을 수 있는 것을 막기 위해 에몰리언트제와 보습제를 배합해 만든 세안제다. 비누를 사용하면 피부에서 뽀득뽀득 소리가 나는 데 반해 클렌징 폼을 사용하면 피부 감촉이 부드러운 이유다.

클렌징 폼의 산도(pH)는 다양하다. 알칼리성에서부터 중성, 약산성까지 넓은 스펙트럼을 가진다. 일반적으로 알칼리성 클렌징 폼은 거품이 잘 일고 세정력이 높으며 사용 후에도 산뜻함이 있으나 피부장벽이 약해지는 단점이 있다.

피부가 원래 약산성임을 고려해 강한 세정력보다는 자극이 약한 세정제를 쓰고 싶다면 약산성 클렌징 폼을 추천한다. 약산성 클렌징 폼은 피부장벽을 지켜 주는 장점이 있는 반면, 알칼리성보다 거품이 잘 일어나지 않고 세정력은 약하다는 단점이 있다. 아토피 피부염이나 여드름이 있는 경우엔 약산성 세정제를 사용하면 여러모로 도움이 된다.

세안제에 들어가는 성분들

세정제

- 고급지방산: C12-18 지방산, 올레인산, 이소스테아린산, 12-하이드록시스테아린산, 동식물유지지방산
- 알칼리제: 수산화나트륨, 수산화칼륨, 트리에탄올아민

그 밖의 계면활성제

- 아미노산계 계면활성제(N-아실글루타민산염), 아실메칠타우린, POE 알킬 에테르인 산염 글리세롤 지방산 에스테르, POE 글리세롤 지방산 에스테르, POE 알킬에테르, POE POP 블록 폴리머

에몰리언트제(유분)

- 지방산, 고급 알코올, 라놀린 유도체, 비스 왁스, 호호바유, 올리브유, 야자유

보습제

- 소르비톨, 마니톨, 폴리에틸렌글리콜(300~4,000), 글리세린, 1.3BG, DPG, PG, POE 글루코스 유도체

기타

- **방부제**: 메칠파라벤(폼클렌징에서 주로 확인), 아크릴산소다, 양이온-폴리머, 알긴산소다, 저분자폴리에틸렌, 폴리아크릴산 폴리머, 헥사메크릴산소다, 유황, 글리시리친산염, 트리글로로카본, 카프릴릴글라이콜
- **수용성 고분자**: 카보머, 아크릴레이트/C10-30 알킬아크릴레이트크로스폴리머, 잔탄검
- **킬레이트제**: 디소디움 이디티에이(EDTA)
- **스크럽제**: 물리적 스크럽제(설탕), (화학적)A.H.A, B.H.A
- **산화방지제**: 벤조페논-5
- 색소, 향료, 정제수

+ 건성용 세안제는 모이스처 밸런스가 포인트

건성 피부라면 어떤 제형의 세안제를 선택하든 pH가 중성 또는 약산성인 것이 좋다. 이러한 제품은 세정력은 다소 떨어지지만 피부 자

극이 적기 때문에 건성 피부에 사용해도 안전하다. 여기에 더해 세안제 안에 보습 성분과 에몰리언트제(유분)가 풍부한 타입을 사용하는 것이 좋다. 계면활성제 외에도 천연보습인자나 유분을 추가하면 세안 후에도 어느 정도 촉촉함을 유지할 수 있다.

그러나 세안제만으로 충분한 보습을 바라는 것은 완전 착각이다. 기본적으로 세안제는 피부의 유분을 감소시켜 건조하게 만드는 것이기 때문이다. 따라서 세안 후에 반드시 피부의 pH를 약산성으로 교정해 주고 보습제를 발라야 한다. 그렇게까지 해야 '올바른 세안법'이요, 진정한 '세안의 완성'이라고 할 수 있다.

: : 피부와 기초화장품의 관계 : :

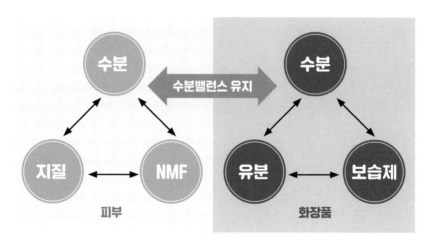

중성세안제의 특징

장점

- ph가 대부분 중성~약산성이다.

- 경수에도 거품이 잘 일어난다.

- 물때를 형성하지 않는다.

단점

- 사용 후 미끌거리는 감촉이 남는다.

- 일반 비누에 비해 잘 헹구어지지 않는다.

03

메이크업 상태에 따른
세안법

"선크림 바른 얼굴, 화장한 얼굴. 어떻게 세안하는 게 좋을까?"

클렌저는 피부 타입에 따라서 달라지기도 하지만 메이크업의 상태에 따라서 달라지기도 한다.

건성 피부라도 두터운 메이크업을 했다면 이중 세안을 해야 한다. 이 경우 건성 피부용 클렌저로는 오일 유형이 가장 적합하다. 오일은 메이크업 제거 능력이 뛰어나며 피부의 보습막을 보호하는 기능이 우수하다. 즉, 오일은 클렌징 크림의 메이크업 제거와 클렌징 폼과 물 세안의 장점을 취한 제품이라고 할 수 있다.

아침에는 메이크업 잔여물이나 노폐물이 많이 남아 있지 않고 피부 위에 간단한 기초화장만 되어 있는 상태이므로 건성 피부나 중성 피부는 가벼운 물 세안만 해도 된다. 또는 피부의 pH 밸런스를 유지해 주는 약산성 클렌저나 수성 제형의 워터를 이용해 가볍게 세안해 주는 것도 좋다. 피지 분비가 왕성한 지성 피부나 여드름성 피부라면 폼 클렌징을 이용해 밤새 분비된 피지를 가볍게 제거하는 것이 좋다.

중건성 피부라도 잠자기 전 리치한 크림 또는 수면팩을 바르고 자서 아침에 유분감이 남아 있다면 클렌징 폼이나 클렌징 워터를 이용해 피부결을 정리하고 유분감을 제거하는 것이 좋다. 과도한 유분이 아닌 살짝 리치한 정도라면 클렌징 폼보다는 약산성 클렌저인 클렌징 젤을 이용해 유분을 가볍게 제거하자. 하지만 쉽게 건조해지는 건성 피부라면 미온수를 이용해 가벼운 물 세안만 해도 된다.

저녁에는 그날 사용한 메이크업 제품에 따라 세안법을 달리해야한다.

Case 1

◆

스킨케어 후 자외선 차단제 + 비비만 발라요!

비비크림과 자외선 차단제를 함께 바르는 경우에는 제품 자체의 풍부한 유분감과 자외선 차단제 중 워터프루프 성분이 잘 지워지지 않을 수 있으므로 꼼꼼한 클렌징이 중요하다.

유분이 많은 제품을 사용한 경우, 클렌징 크림이나 오일과 같은 세안제를 이용하자. 1차 세안 후 클렌징 폼을 이용해 2차 세안을 해도 좋고, 세정력이 좋은 클렌징 젤로 1차 세안 후, 클렌징 폼으로 마무리하는 방법도 좋다.

자외선 차단제의 주성분은 티타늄 디옥사이드, 징크옥사이드, 비비크림의 주성분은 파우더다. 이 파우더를 씻어 내려면 크림 타입으로 된 클렌징 로션이나 클렌징 오일을 사용해 1차 세안 후 클렌징 폼을 이용해 2차 클렌징을 해 딥 클렌징하는 것이 좋다.

Case 2

자외선 차단제의 SPF 지수에 따라서 세안이 달라져야 하나요?

과거에는 SPF 지수가 높을수록 유분감이 많고 끈적이는 제품들이 많았지만 최근에는 지수에 따라 유분감이나 제형상의 큰 차이는 느끼기 어려운 것 같다. 오히려 SPF 지수보다는 제품의 유형이 더 중요하다. 워터프루프 제품이냐, 크림 타입이냐, 로션 타입이냐에 따라 클렌징 단계나 제품을 사용하는 요령이 바뀌어야 한다.

Case 3

워터프루프 파운데이션을 사용했어요

워터프루프 제품은 무엇보다도 완벽한 클렌징이 중요하다. 이 제형을 클렌징하기 위해서는 오일이나 크림과 같은 제형으로 클렌징을 해 주는 것이 좋은데, 깨끗이 씻어 낸다는 목적으로 오랫동안 피부에서 롤링하는 것보다 빠르게 1차 클렌징을 해 주고 2차로 클렌징 폼을 이용해 나머지 잔여물을 씻어 내는 것이 피부의 부담감을 줄일 수 있는 클렌징 방법이다.

Case 4

◆

스킨케어 후 자외선 차단제 + 펄 프라이머 + 파운데이션까지 발라요!

펄 프라이머는 모공 입구에 남아 트러블이 발생할 수 있으므로 모공의 잔여물까지 깨끗하게 제거해 주는 제품을 사용하는 것이 좋다. 특히 펄 프라이머는 피지 분비와 모공이 많이 보이는 T존 주변에 주로 사용하는데, 펄 프라이머를 제거한다고 얼굴 전체를 딥 클렌징했다가는 전체적으로 건조해질 수 있다. 따라서 클렌징 티슈를 이용해 T존 부위를 먼저 닦아 내고 전체적으로 클렌징 오일이나 클렌징 폼을 이용해 나머지 잔여물을 제거하는 것이 좋다.

클렌징 크림이나 오일, 로션으로 가볍게 마사지하듯이 1차 세안 후 클렌징 폼으로 모공 속과 피부에 남아 있는 잔여물까지 한 번에 제거하는 것도 좋은 방법이다.

Case 5

◆

오후에 수시로 쿠션형 자외선 차단제를 덧발랐어요

수시로 자외선 차단제를 덧발랐다면 피지와 여러 노폐물이 뒤엉켜 피부가 청결하지 않을 것이다. 이런 경우, 민감한 피부는 트러블을 일으킬 수도 있고, 지성이나 여드름성 피부는 피부 상태가 악화될 수도 있다. 피부 자극은 줄이고 피부 위에 엉겨 있는 노폐물을 제거해야 하므로 세정력이 좋고 거품이 풍부한 세안제를 사용해야 한다.

민감한 피부는 클렌징 워터로 가볍게 닦아 내고 약산성 클렌저를 이용해 피부 부담을 줄여 진정시키는 클렌징을, 지성 및 여드름성 피부는 클렌징 워터로 먼저 닦아 내고 2차 세안으로 거품이 풍부한 클렌징 폼을 사용해 딥 클렌징을 해 주는 것이 좋다.

04

계절별
세안법

+ 봄, 황사는 피부의 천적!
깨끗한 세안으로 제거하기

　중국에서 불어오는 황사는 미세 먼지를 비롯해 중국의 산업화로 중금속 등의 공해 물질까지 함유하고 있는 건조한 바람이다. 황사가 부는 봄에는 황사에 함유된 수은, 납, 알루미늄 등의 입자가 작은 중금속 오염 물질들이 미세 먼지와 함께 모공 속에 침투해 피부 트러블을 발생시키고 피부를 자극하기 때문에 봄철 피부 보호에 각별한 주의가 필요하다.

　황사철에는 야외 활동 후 집으로 돌아왔을 때 황사 먼지가 피부 위에 오래 남아 있지 않도록, 옷은 물론이고 피부에 묻어 있는 먼지들도 부드러운 면 소재 수건으로 털어 준 후 세안한다. 아직 피부 외부에 남아 있는 황사 먼지가 피부에 자극을 줄 수 있으므로 평소보다 조금 많은 양의 클렌저를 사용해 부드럽게 닦아 내고 클렌징 폼을 이용해 이중 세안을 하는 것이 좋다.

좀 더 깨끗이 헹구어 내고 싶다면 주 1회 딥 클렌징을 해 보자. 우선 스팀타월을 이용해 모공을 열어 주고, 딥 클렌징 제품을 이용해 마사지하듯 부드럽게 모공 속에 쌓여 있는 노폐물을 제거하는 것이 좋다. 스크럽과 같은 자극을 주는 제품은 피부를 손상시킬 수 있으므로 자주 이용하지 않는 게 좋다.

만약 클렌징 후에 피부가 벌겋게 달아올라 있거나 얼룩덜룩한 현상이 계속되면 냉장고에 스킨을 넣어 두었다가 차가운 상태에서 화장솜으로 가볍게 닦아 내듯이 발라 피부를 진정시키는 것이 좋다. 세안 후 자신의 피부 유형에 맞는 보습제로 건조한 황사에 지친 피부를 진정시키는 것도 잊지 말자.

+ 겨울철, 건조한 피부에 수분을 채우는 세안법

겨울철에는 습도가 낮아, 건조한 대기로부터 피부 속 수분을 많이 빼앗겨 건조함을 느끼게 된다. 이렇게 수분 관리가 더없이 중요한 계절에는 세안 시에도 피부가 건조해지지 않도록 주의하면서 세안하는 것이 좋다.

세안 후에 피부 표면의 물을 닦지 않고 장시간 방치하면 오히려 피부 위에 남아 있던 수분까지 함께 증발할 수 있다. 따라서 세안 후에는 즉시 수건으로 가볍게 두드리면서 물기를 닦아 내고 각질층이 수분을 머금고 있을 때 바로 스킨, 에센스, 크림의 순서로 피부 위에 바르는 것이 좋다.

샤워 후에도 마찬가지다. 물기를 완전히 건조시키지 말고 수건으로 적당히 닦아 낸 다음에 바디 로션을 바르는 것이 바람직하다.

05

피부장벽을
살리는 각질 케어

+ 각질 정리, 왜 필요할까?

흔히 각질을 벗겨 내는 필링제를 딥 클렌징(Deep Cleansing)으로 분류하는데, 피부과학적으로는 맞지 않는 개념이다. 각질을 제거하는 목적은 딥 클렌징이 아니라 제 역할을 못하는 흐트러진 피부장벽을 제거하고 건강한 장벽 기능을 가진 각질층으로 복원시켜 주기 위함이다. 즉, 각질 케어를 함으로써 피부의 보습력과 방어력을 살려 주자는 것이다. 따라서 필링제를 딥 클렌징으로 분류하는 것은 올바른 분류가 아니라고 할 수 있다.

피부 지질을 빼앗아 가는 계면활성제(세안제)와는 달리 올바른 각질 케어는 피부장벽에 순기능을 할 수 있다. 앞서 말한 것처럼 세안제는 계면활성제 성분이 피부장벽의 지질 성분을 빼앗아 가기 때문에 장벽 기능을 약화시킬 수 있다고 했다.

"그렇다면 손상받은 피부장벽은 어떻게 복원할 수 있는 걸까? 다시 돌아올 수는 있는 걸까?"

물론이다. 단, 각질층을 재건하고 피부의 산도를 약산성으로 맞춰 주는 등의 노력이 필요하다. 그 문제 해결의 열쇠 중 하나가 각질 케어에 있다. 각질세포가 들뜨면 피부장벽의 역할을 다하지 못하기 때문에 보습력이 떨어지고 피부는 점점 건조해진다. 외부로부터 균이 침투하는 것이 손쉬워지는 것은 말할 필요 없다.

따라서 거칠게 들뜨고 일어난 각질들은 정리해 줘야 한다. 이때 사용하는 것이 바로 필링 제품. 피부과에서 피부 스케일링을 하면 보습력이 개선되고 여드름이 완화되듯 홈 케어용 필링제를 잘 사용하면 그와 유사한 효과를 얻을 수 있다.

우리 몸의 세포는 재생과 소멸을 반복한다. 특히 표피세포는 계속해서 새로운 세포가 생겨나고 수명을 다한 세포는 죽는다. 이 죽은 세포들이 모여서 각질을 형성하는 것이다. 지금까지 죽은 세포들이 몸에 계속 남아 있다면, 아마 우리 몸은 두꺼운 각질로 뒤덮여 있을 것이다. 다행히도 건강한 피부는 각질이 자연적으로 떨어져 나간다.

표피층의 맨 아래(기저층)에 위치한 각질형성세포는 쉬지 않고 분화해 피부의 바깥쪽인 각질층까지 이동한다. 기저층에서 각질층까지 이

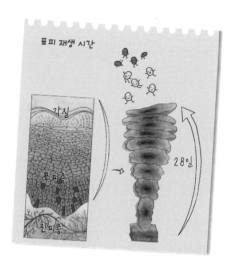

동하는 데 걸리는 시간을 표피 재생 시간(Epidermal Renewal Time)이라고 하며 통상 28일이 소요된다. 각질층까지 분화된 이후에는 서서히 떨어질 준비를 한다. 하지만 병적인 피부 상태, 예를 들어 건선이나 아토피 피부염 등에서는 이 시간이 짧아지거나 길어지는 것을 관찰할 수 있다.

+각질이 일어나는 이유

각질이 일어나는 이유는 무엇일까? 각질이 일어나는 현상은 2가지로 나눌 수 있다. 첫째는 피부가 심하게 건조해지거나 자극을 받아 일어나는 각질이 있고, 다른 하나는 피부의 턴 오버 주기에 탈락되지 못하고 피부에 남아 있는 경우다. 2가지 경우 모두 각질층이 건강한 피부장벽으로서의 제 역할을 하기는 힘들다. 이렇게 제 역할을 하지 못하는 각질층은 리뉴얼해 주는 것이 좋다. 그것이 필링이다.

원래 우리 피부는 각질층의 제일 바깥쪽에서는 각질이 정상적으로 깨끗이 탈락되어야 매끄럽고 건강한 피부를 유지할 수 있다. 최외층의 각질이 마지막으로 탈락되도록 해 주는 것이 '단백분해효소'다. 그런데 만약에 이 단백분해효소에 이상이 생겨서 작동하지 않거나 너무 활발해지면 각질층의 탈락이 비정상적으로 이루어진다. 각질이 제대로 탈락되지 않아 각질층이 두꺼워지거나, 반대로 너무 탈락이 잦아 각질이 거칠게 일어난다.

예를 들어 알칼리 세제를 많이 사용하면 피부 표면의 pH가 중성 또는 알칼리성으로 바뀌게 되는데, 그렇게 되면 앞서 말한 단백분해효소의 활성이 커진다. 즉, 각질세포들을 묶고 있는 각질교소체의 분해가 촉진되어 각질세포의 탈락이 비정상적으로 많아진다. 따라서 알칼리성 세제를 사용한 후에는 바로 약산성 토너나 스킨으로 피부의 pH를 정상으로 맞춰야 건강한 피부장벽을 유지할 수 있다.

또 다른 예로, 가장 흔한 피부감염균인 포도상구균이나 집먼지 진드기도 각질교소체를 분해하는 효소를 분비한다. 쉽게 말하자면, 포도상구균이나 집먼지 진드기에 의해서도 각질층의 결합이 풀어져 각질이 들뜨거나 두꺼워질 수 있다. 그런데 이러한 균들은 피부의 pH가 약산성으로 유지되면 침입하지 못한다. 따라서 피부의 pH를 약산성으로 유지하는 것만으로도 상당한 항균 효과를 얻을 수 있다는 점을 기억하기 바란다.

각질 탈락의 메커니즘

각질이 일어나는 메커니즘을 세포 레벨에서 설명하겠다. 각질층은 각질세포가 층층이 쌓여 있는 피부의 제일 바깥쪽이다. 각질세포 사이에는 이들을 이어 주는 나사못과 같은 역할을 하고 있는 '각질교소체'라는 것이 있다. 이 나사못이 있는 한, 각질세포들은 서로 떨어지지 않는다. 정상적으로 각질세포가 탈락하기 위해서는 이 교소체가 녹아 없어져야 한다. 그래서 정상 피부의 제일 바깥쪽에는 이 나사못(각질교소체)을 녹여서 분해하는 '단백분해효소'가 분비된다. 그러면 비로소 각질세포가 자연스레 탈락되는 것이다.

06

피부장벽을
죽이는 각질 케어

"들뜬 각질, 다시 붙여서 사용할 수 있을까?"

아쉽게도 불가능하다. 하지만 다행히도 각질은 매일 새로 만들어진다. 그러니 '묵은 각질'이나 '들뜬 각질'은 제거해도 되는 것이다.

각질 케어의 의미는 비정상적인 각질을 제거해서 피부장벽 기능을 회복시켜 주는 것이야 한다. 멀쩡하게 건강한 각질층을 일부러 제거할 필요는 없다. 이상이 있는 각질만 제거하면 되는 것이다.

여기서 명심할 것은 과도한 각질 제거는 위험하다는 것. 병원에서 진료를 하다 보면 피부과 의사의 도움 없이 필링 시술을 받거나 필링제를 사용해서 돌이킬 수 없는 부작용을 호소하는 사람들을 참 많이 보게 된다. 잠깐의 실수로 오랫동안 고통받는 분들을 보면 안타깝기

그지없다.

예를 들어 간혹 이태리타월로 얼굴을 문지르는 사람도 있는데, 과도한 힘으로 각질층을 벗겨 내면 피부장벽까지 고스란히 벗겨진다. 당연히 여러 가지 트러블이 발생할 수밖에 없다. 또 다른 예로는 '불법적인 시술'을 들 수 있다. 미용실이나 야매 아줌마가 정체 모를 화학약품으로 박피 시술을 하는 것이다. 만약 피부장벽에 대해 알고 있다면 이런 무시무시한 짓은 절대 하지 못할 것이다. 아무 대책 없이 피부를 마구 벗겨 내다간 흉터나 색소침착이 남을 수 있다.

＋굳은살 효과라고?

간혹 얼굴은 아니지만 각질층이 거북이 등처럼 두꺼워져서 피부과를 찾는 환자들이 있다. 예를 들면 손가락 관절이나 발뒤꿈치 같은 곳이다. 이런 경우는 굳은살이 아니라 '굳은살 효과'라고 한다. 복싱선수가 샌드백을 오랜 기간 쳐서 생기는 너클의 굳은살, 밤마다 칼로 뒤꿈치를 긁다가 만들어진 두꺼운 각질 등. 이들은 모두 반복적인 물리적 자극으로부터 피부가 스스로를 보호하기 위해 각질을 더 만들어 낸 것이다. 이 현상에서 우리가 얻을 수 있는 교훈은 절대 피부에 과도한 물리적 자극은 피해야 한다는 것이다.

"그렇다면 어떻게 하는 것이 적절한 각질 제거일까?"

무턱대고 각질층을 벗겨 내는 것은 피부 건강에 좋지 않다고 했으니 올바른 각질 케어의 비법에 대해서 알고 싶을 것이다. 지금부터 셀프 각질 케어를 도와주는 필링제에 대해 알아보자.

07

각질 케어 제품
사용 설명서

＋각질 제거 제품의 종류

'필링'이란 사전적으로 '껍질 벗기기'라는 뜻이고 박피와 같은 의미의 용어다. 피부를 벗겨 내는 깊이에 따라 각질층만 벗겨 내는 '얕은 필링'에서부터 진피층까지 벗겨 내는 '깊은 필링'까지 종류가 다양하다.

필링의 종류에 따라 벗겨 내는 깊이가 다양하고 이에 따라 피부에 가져오는 효과도 다양하다. 예를 들어 여드름이 호전되거나 잡티나 기미 색소가 줄어든다든지, 주름진 얼굴을 펴 주기도 한다. 나아가 칙칙한 피부톤을 맑게 만들어 주고 부드럽고 매끄러운 피부로 변화시킬 수도 있다. 이렇게 피부에 극적인 효과를 가져다주는 필링이지만, 그만큼 잘못했다간 피부에 큰 부작용을 안겨 줄 수도 있다.

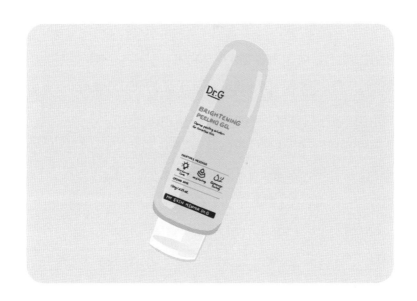

이 책에서는 집에서 누구나 쉽게 화장품을 이용해 각질층의 '바깥층 일부만'을 벗겨 내는 가벼운 필링에 대해서 소개한다. 그 외의 깊은 필링은 피부과 의사와 상담 후 시술받는 것이 안전하기 때문에 섣불리 따라 하는 분들이 없도록 미연에 방지하는 차원에서 깊게 다루지 않겠다.

녹지 않는 스크럽제는 피부를 손상시킨다

각질 케어 제품에는 알갱이의 마찰로 각질을 벗겨 내는 '물리적 스크럽제'와 화학 성분이 각질을 녹여 내는 '화학적 필링제'가 있다.

스크럽제는 문질렀을 때 녹거나 혹은 녹지 않는 알갱이를 함유해 자연스럽게 피부 위를 롤링하면서 각질을 벗겨 내는 원리다. 즉, 미세 알갱이로 피부 표면의 각질을 문질러 물리적 마찰이 일어나 각질이 벗겨지는 것이다. 이 경우 알갱이가 크고 거친 상태에서 과도한 힘을 주면 얼굴 같은 경우는 피부장벽이 긁히기 쉽고, 피부가 붉어지고 심할 경우 염증 반응까지 나타날 수 있다.

녹지 않는 알갱이가 들어 있는 스크럽제는 얼굴에도 사용하지만 주로 피부층이 두꺼운 몸의 각질을 녹여 줄 때 많이 사용하고, 녹는 알갱이가 있는 스크럽제나 화학적 필링제는 얼굴 피부에 많이 사용한다.

시중에 얼굴용으로도 녹지 않는 스크럽제들이 나와 있기는 하지만, 피부과 의사로서 권장하지 않는 바다. 특히 민감한 피부나 건성 피부의 경우 녹지 않는 알갱이로 마찰을 하면 미세한 스크래치로 인해 피부장벽이 쉽게 깨지고 따갑거나 붉어질 수 있다. 따라서 가급적 부드럽게 녹는 알갱이가 들어 있는 고마쥐 타입을 쓰는 것이 좋다.

지성, 여드름성 피부에 맞는 필링제는?

고마쥐는 프랑스어 '지우다'라는 어휘에서 기원된 단어인데, 고마쥐 타입의 필링제는 액체 타입으로 알갱이가 보이지 않다가 피부에 바르고 문지르면 때처럼 밀려 나오면서 피부의 각질을 제거하는 각질 제거제로, 기존의 물리적 스크럽제보다는 피부 표면의 자극이 적으면서 성분에 따라 각질 제거와 피부 보습 효과를 함께 얻을 수 있다는 장점이 있다. 최근에는 식물의 셀룰로스 성분으로 만들어진 고마쥐 타입의 필링젤도 등장했다. 셀룰로스 성분은 예민한 피부도 큰 자극 없이 부드럽게 각질을 제거할 수 있도록 돕는다.

화학적 필링제는 제품에 함유된 성분에 따라 다양한 원리로 각질을 제거한다. AHA나 BHA 등은 천연 산이 함유되어 있어 바르고 난 후 가볍게 물로 씻어 내기만 해도 화학적 용해 작용에 의해 각질이 제거되는 제품이다. 알파하이드록시산과 베타하이드록시산은 각질을 녹여 피부 주기를 회복시키고 콜라겐 생성을 촉진하는 효과도 있다.

이들은 일반적인 스크럽제보다 자극이 덜하며 피부가 부드러워지는 장점이 있다. 지성이나 여드름성 피부는 BHA 제품이 도움이 된다. BHA는 유분을 잘 녹이는 친유성 성분이기 때문에 피지를 더 잘 녹여 내는 장점이 있다.

각질 케어 제품의 구분

메커니즘에 따라
- **물리적 스크럽제**
- **화학적 스크럽제**

제형에 따라
- **스크럽 타입: 물리적 필링 효과**
- **파우더 타입: 효소 성분을 함유한 파우더 제형으로 물과 믹스하여 거품을 내어 사용**
- **로션&액상 타입: AHA, BHA 성분(10% 이하)을 함유**

한 제품

- 마스크&패드 타입: AHA, BHA 성분이 함유된 액상을
담은 부직포

+ 피부 유형에 따른 각질 케어

각질 제거는 얼마나 자주 해야 하는 걸까? 지질 성분이 부족한 건성 피부와 유분이 넘쳐나는 지성 피부도 똑같이 각질 케어를 해야 할까? 당연히 그렇지 않다. 달라야 한다.

건성 피부의 각질 케어

건성 피부인 경우엔 각질이 들뜨는 느낌이 들 때만 하면 된다. 부드러운 입자를 가진 고마쥐 타입이나 AHA 제품이 적합하고, BHA 제품은 피하는 것이 좋다. BHA 제품은 지질 성분을 쉽게 녹여 내기 때문이다. 그리고 건성 피부는 필링 직후에 보습을 철저히 해야 한다는 점도 잊지 마시길.

보통 권장하는 각질 제거 주기는 1~2주에 1회 정도이지만, 계절에 따라 차이가 있다.

지성 피부의 각질 케어

지성 피부는 건성 피부에 비해서 각질 제거를 좀 더 자주 해도 무방하다. 지성 피부의 경우 보통 주 2~3회 정도가 적당하지만, 건조한 겨울에는 아무리 지성 피부라도 잦은 각질 제거가 피부를 더 건조하게 만들 수 있으니 주의해야 한다.

각질 제거제를 고를 때는 각질 제거를 하면서 피지를 흡착해서 모공을 청소해 주는 효과가 있는 제품을 선택하는 것이 좋다. 참고로 피부과에서는 피지 분비가 많은 피부 타입인 경우, 클레이 필과 같이 피지를 흡착하는 성분으로 스케일링을 한다.

피부가 두껍고 모공이 늘어난 피부

이 경우 피부과에서는 크리스털 필링을 하는 것이 효과적인데, 집에서 홈 필링 제품을 사용한다면 모공 입구의 두꺼워진 피부를 연마해 내는 효과가 있는 제품이 좋다. 알갱이가 들어 있는 스크럽 제품으로 입자가 너무 거칠면 안 되고 미세한 입자로 자극이 최소한 느껴지는 것을 사용해야 한다.

여드름 피부의 각질 케어

이 역시 피부과에 가서 피부 스케일링을 받는 게 가장 좋지만 피부과에 갈 시간이 없다면 홈 케어 제품을 선택해서 사용해야 한다. 진료실에 있다 보면, 여드름과 같은 트러블이 발생한 경우에 집에서 셀프로 각질 제거를 하다가 더 악화시켜서 오는 분들을 많이 만난다.

특히 염증이 동반된 화농성 여드름이 많은 경우에는 알갱이가 큰 스크럽제를 사용하면 피부 표면에 강한 자극을 줘 더 악화시킬 수 있다. 염증이 있는 부위일수록 피부 표면의 자극을 최소화해야 한다. 필링제는 물을 가볍게 헹궈 내어 제거할 수 있는 효소 타입이나 BHA 제품이 좋다.

효과적인 각질 제거를 위한 롤링법

각질 제거 시 피부 롤링은 1분을 넘기지 않는 것이 좋다. 바로 롤링을 하기보다는 피부에 도포한 후 1분 정도 그대로 두었다가 손가락에 물을 묻힌 후 롤링을 시작한다. 이때 U존보다는 T존부터 먼저 롤링한다. 턱, 코, 이마 순으로 좁은 부위부터 넓은 부위 위주로 롤링을 시작하는데, 네 개의 손가락에 압을 주어 모공 속에 노폐물을 밀어낸다는 생각으로 마사지를 하자.

코끝은 손바닥을 이용해 작게 원을 그려 주면서 한 방향으로만

30초 정도 롤링을 해 주면 피지 분비가 많은 T존 부위에 엉겨 있던 각질들과 모공 속을 막고 있는 노폐물들이 빠지면서 좀 더 매끄럽고 깔끔하게 각질을 제거할 수 있다. 마지막으로 세안 후 보습제를 발라 주는 것을 잊지 말자.

Skin Mentor's Message

◆

메이크업 제품이 피부에 잘 스며들게 하기 위해 '메이크업 스타터' 또는 '메이크업 부스터'라는 이름으로 각질 제거 제품을 메이크업 시작 시간인 아침에 사용하는 경우도 있지만, 권장하고 싶지는 않다. 각질 제거는 메이크업이 잘되도록 하기 위해서 하는 것이 아니라 손상된 피부장벽의 복구에 도움이 되도록 하는 것이기 때문이다.

따라서 필링 제품은 하루 일과를 마치고 저녁에 사용하는 것이 좋다. 저녁때가 되면 피부는 하루 종일 내 피부에 머무른 메이크업, 노폐물, 그리고 각질이 쌓인 상태다. 필링으로 이들을 제거하고 기초 제품을 바르면 잠자는 동안 기초 제품의 흡수를 높이면서 피부장벽을 효과적으로 회복시켜 줄 수 있다.

08

보습제로
피부 수분막을 지켜라

클렌징 제품과 달리 보습제는 손상된 피부장벽에 도움을 준다. 정상 피부의 각질층에는 수분이 12~20% 함유되어 있는데, 10% 미만이면 건조한 피부 상태라고 할 수 있다. 수분을 20~30% 정도 함유하고 있으면 피부가 촉촉하고 탱글탱글해 보인다. 하지만 수분이 많다고 다 좋은 것은 아니다. 목욕탕에 오래 담그고 나온 후의 쭈글쭈글한 손바닥을 상상해 보시라.

바르는 즉시 촉촉해진다고 좋은 제품이 아니다. 보습제 중에는 발랐을 때는 피부의 수분량을 증가시켜 촉촉하게 만들지만, 시간이 지나면 오히려 피부 수분을 빼앗는 것도 있다. 이것이 바로 바르는 즉시 촉촉해지는 제품이라고 해서 무조건 좋은 제품은 아니라고 하는 이유다.

다른 화장품도 마찬가지이긴 하지만 보습제야말로 정말 중요한 스킨케어 제품이므로 구입 전에 성분을 꼼꼼히 살펴야 한다.

✛ 보습제로 피부 수분 밸런스를 지키자

보습제란 피부에 수분을 공급하고 증발을 차단하는 작용이 있는 크림, 연고, 로션 등을 총칭한다. 기존의 보습제가 수분 공급과 수분 증발을 방지하는 보습 기능에만 주안점을 둔 반면, 항염증 기능이 첨가된 최근의 보습제는 여러 질병의 치료 영역까지 활용 범위가 확대되어 아토피 피부염이나 건선같이 피부 건조가 나타나는 여러 질환 치료에 주·보조 요법으로 사용되고 있다.

피부장벽이 손상돼 건조한 피부에 필요한 보습제는 피부장벽 기능을 회복시켜 줄 수 있는 제품이다. 장벽 기능이 훼손되어 각질층의 수분 함량이 10% 이하로 내려가면 각질층은 유연성을 잃고 표면이 거칠어지며 각질이 일어나게 된다. 정상 피부는 장벽 기능의 손상이 생겼을 때 이를 회복하는 능력을 가지고 있으나, 외부의 자극이 지나치게 강하거나 저강도의 자극이라도 장기간 지속되면 피부장벽 기능의 회복은 불완전해진다.

수분이 10% 이하로 감소하면 각질세포가 유연성을 잃는 것뿐만 아니라 묵은 각질이 쌓이다가 마침내 부분적으로 각질이 덩어리째 탈락되는 현상까지 생긴다. 이로 인해 피부는 거칠어지고, 피부 표면에 산란되는 광선의 양이 많아서 피부 톤도 칙칙해진다.

보습제를 사용하면, 건조한 대기와 자극에 의해 거칠게 각질이 일어나는 피부에 수분을 공급하고 수분이 증발하는 것을 막아 피부의 유연성을 유지하고 회복시킬 수 있다. 게다가 균일한 각질 탈락을 유도해 매끈한 표면을 유지할 수 있도록 도움을 준다. 보습제는 내 피부의 필수 아이템이라는 것을 잊지 말자.

09

보습제의
4가지 종류

    피부의 수분을 지키기 위해 사용하는 보습제는 그 종류가 다양해 나에게 맞는 보습제를 선택하는 일이 생각보다 쉽지 않다. 게다가 시중에는 너무나 많은 보습제가 나와 있고 이름도 종류도 다양해 어떤 제품을 선택해야 할지 헷갈린다. 하지만 걱정할 필요 없다. 보습제는 기능에 따라 크게 4가지로 분류할 수 있으니, 복잡한 이름이나 종류 때문에 고민 말고 이것만 알아 두자.

보습제의 4가지 종류

- 습윤제
- 밀폐제
- 유화물
- 생리적 지질 혼합물

+ 피부 수분을 보충하는 습윤제

천연보습인자

인체에서 생성된 아미노산이 주성분인 물질로, 피부 표면에 수분을 흡수하고 유지하는 역할을 한다. 노화가 시작되면 천연보습인자의 양도 감소한다.

보습제 중 '습윤제'는 피부에 존재하는 천연보습인자를 대치하는 것으로, 물과 잘 섞이는 성분으로 만들어진다. 글리세린이 대표적인 성분이고 바르면 바로 촉촉한 느낌을 주지만, 저온이나 건조한 환경에서는 각질층의 수분을 외부로 방출하여 피부의 수분량을 감소시켜 오히려 건조한 느낌을 줄 수 있다.

만약 피부장벽 기능이 떨어져 건조증을 느끼는 피부 타입이라면 글리세린이 함유된 보습제만 발라서는 보습 효과를 기대하기 어렵다.

최근에는 히알루론산과 같은 고급 습윤제가 등장하여 각광을 받고 있다. 히알루론산은 습윤 기능뿐 아니라 피부장벽 기능 중 면역에도 관여하는 물질이다. 히알루론산은 자기 용적의 1,000배에 달하는 수분을 함유할 수 있는 물질로, 자극이 적고 끈적임이 적어 민감한 피부나 지성 피부에도 사용하기 좋다. 피부과에서는 필러 주사제의 주성분으로 쓰이고, 소위 말하는 '물광주사'의 주성분으로도 사용된다. 하지만 이 역시 뒤에 나오는 '생리적 지질 혼합물'보다는 지속적인 보습효과를 가지지 못한다.

글리세롤과 프로필렌글리콜

글리세린은 글리세롤이라고도 불리는 무색무취의 액체로 천연보습인자와 유사한 수분 흡수력이 있는 강력한 습윤제다.

프로필렌글리콜은 글리세롤보다 용해력이 뛰어난 무색투명한 시럽상 액체로 10% 이하의 농도에서는 수분 흡수 기능이 뛰어나지만, 40% 이상의 농도에서는 각질을 용해시키는 박피 효과가 나타나기도 한다.

+ 베이비 오일처럼 수분 손실을 막는 밀폐제

'밀폐제'는 피부 표면에 기름막을 형성하여 수분 증발을 방지하는 피지의 기능과 유사한 역할을 담당하는 유성 물질이다. 광물성 오일, 백색 바셀린, 라놀린, 호호바 오일, 식물성 오일(코코아 버터, 올리브 오일) 등의 유성 성분이 주로 쓰인다. 그런데 체온이 올라가면 기름막의 지속력이 떨어지고 끈적이고 미끈거리는 촉감이 단점이라 할 수 있다.

베이비 오일 같은 것이 대표적인 밀폐제인데, 간혹 '아기 피부에 사용하는 거니까 그만큼 순하고 내 피부에도 좋겠지?'라고 생각하고 아낌없이 사용하는 사람들이 있는데 그것은 착각이다. 지성 피부인 사람이 베이비 오일을 바르면 모공을 막아 오히려 피부 트러블이 생기기 쉽다.

+수분도 보충하고
유막으로 수분 손실을 막아 주는 유화물

시중에 출시되어 있는 보습크림이나 로션의 대부분이 바로 이 '유화물'이다. 유화물은 습윤제와 밀폐제의 성분을 모두 함유하고 있어서 두 종류의 보습 효과를 얻을 수 있다. 그러나 이 역시 바르고 난 후에 수분이 증발되면 최종적인 상태에서는 유분만 남아 보습 지속력이 떨어지는 단점이 있다.

+최적의 보습제,
피부장벽 성분으로 만든 '생리적 지질 혼합물'

마지막으로 최근 각광을 받고 있는 '생리적 지질 혼합물'로 만들어진 보습제가 있다. 이것은 지금까지 언급한 보습제와 비교했을 때 효과가 가장 뛰어나다. 그 이유는 피부장벽을 이루는 '각질세포 간 지질'과 유사한 성분으로 이루어져 있기 때문이다. 즉, 장벽 기능이 손상된 피부에 각질세포 간 지질과 유사한 성분을 발라 보습력 회복에 근본적인 도움을 주는 것이다.

예를 들어, 아토피 피부에는 세라마이드 성분이 함유되어 있는 제품을 사용하고, 노인성 건조 피부에는 콜레스테롤이 부족하므로 콜레스테롤이 많이 함유된 보습제가 도움이 된다. 결국 이러한 보습제는 피부장벽을 회복시켜 주기 때문에 보습만 되는 것이 아니라 가려움증과 피부염증을 호전시키는 효과까지 있다.

'생리적 지질 혼합물'로 만들어지는 보습제도 한층 진화하고 있다. 처음엔 단순히 세라마이드 성분만을 배합해 만든 보습제가 등장하며 각광받았으나, 그 이후에 세라마이드, 콜레스테롤, 자유 지방산 등의 성분을 사용하고 이들의 비율이 3:1:1이어야 효과가 있다는 것이 밝혀지면서, 이들을 해당 비율로 배합한 보습제가 많이 등장했다.

또한 아토피 피부질환과 같은 손상된 피부장벽에 관한 연구에 필라그린(filaggrin)이라는 단백질의 결핍이 장벽 손상에 결정적인 원인으로 작용한다는 것이 밝혀졌다. 유전적이든 후천적이든 필라그린 생성이 부족하면 피부가 건조해지고 민감해지기 쉽다는 것이다.

이에 따라 최근에는 인체의 생리적 지질 혼합물 조성에 필라그린을 보충하거나 생성을 활발하게 하는 성분까지 함유된 차세대 보습제가 등장하여 피부장벽의 자연 치유력을 높이는 데 도움을 주고 있다.

이상적인 보습제

이상적인 보습제 역할을 담당할 수 있는 조건으로는 자연보습인자의 습윤 기능, 피지막의 밀폐 기능, 각질세포 간 지질의 장벽 기능을 가지고 있어야 한다.

Skin Mentor's Message

◆

최근에는 습윤제, 밀폐제 그리고 '생리적 지질 혼합물' 성분을 제공하면서 동시에 각질 형성 과정(Keratinization Process)을 도와주는 펩타이드(Peptide)나 성장인자(Growth Factors)가 첨가된 제품도 등장하고 있다.

즉, '피부장벽 성분'을 제공함과 동시에 피부의 '장벽 기능을 강화'시키는 성분이 추가된 것이라서 가장 진화한 형태의 보습제라고 볼 수 있다. 이러한 3세대 보습제(생리적 지질 혼합물)는 장기적으로는 손상된 피부장벽을 회복시켜 주는 효과가 있다.

10

촉촉한 피부를 부르는
생활 습관

일상생활에서 피부 수분을 빼앗아 가는 요소들은 다양하지만 무심코 지나치기 쉽다. 별도의 피부 관리를 받거나 집에서 직접 케어를 하더라도 하루 중 가장 많은 시간을 보내는 회사에서의 피부 케어는 소홀하기 쉽다. 평소에 편리하게 사용하고 있던 것들이 미처 우리가 알지도 못하는 사이에 피부 노화를 앞당기고 있다는 사실. 평소 자신의 생활 습관을 점검하고 촉촉한 피부를 위한 생활 속 팁을 배워 보자.

+ 내 피부 수분을 빼앗는 주범

에어컨의 시원한 바람, 피부 잔주름을 유발한다

여름철 에어컨을 장시간 가동하면 실내 공기의 순환이 이루어지지 않아 공기의 오염도가 높고, 답답하고 건조하다. 에어컨이 가동된 실내에 장시간 있을 경우 피부의 수분이 부족해져 건조해진다. 당연히 피부 탄력이 떨어지고 잔주름이 생기기 쉽다.

실내 난방과 히터, 사막에 불을 지피는 것과 같다

실내 난방은 실내를 건조하게 만들어 피부의 수분을 빼앗아 가는 주범이다. 자동차 히터도 마찬가지다. 밀폐된 공간에서 환기도 제대로 이루어지지 않은 상태에서 반복적으로 건조하고 높은 온도의 공기가 주입되기 때문에, 건조한 공기와 공기 중의 먼지가 피부에 직접적인 영향을 주어 피부 수분을 빼앗아 간다.

잦은 음주, 피부 건조는 물론 각종 트러블을 유발한다

술 먹은 다음 날이면 얼굴이 붓고 피부가 푸석해 화장이 잘 받지 않는다. 직장 생활을 하다 보면 적어도 한두 번쯤은 술자리가 생기게 마련이다. 술자리가 잦을수록 피부 건조와 트러블은 악화된다. 술을 마시면 알코올이 대사되면서 체내 수분을 빼앗아 가 피부가 건조해지기 때문이다. 게다가 호르몬이 피지를 과다 생성해 모낭을 막아 각질, 뾰루지, 여드름이 생기기 쉽고 기존의 트러블은 악화된다.

+ 내 피부 수분을 지키는 생활 습관

충분한 수분 섭취

물을 충분히 마시는 일은 체내에 부족해질 수 있는 수분을 보충해 줘 피부가 건조해지는 것을 막는 데 도움이 된다.

건조한 실내엔 가습기를

실내가 건조해지면 피부의 수분이 증발하기 때문에 실내 습도 조절에 신경을 쓰자. 어항이나 가습기 등을 이용해 실내 적정 습도를 유지하면 피부도 촉촉해지고 호흡기에도 좋다. 단, 가습기는 청결히 관리하지 않으면 각종 세균 서식으로 호흡기 질환에 노출될 우려가 있으므로 깔끔하게 관리해야 한다. 집에서는 젖은 수건이나 빨래를 실내에서 건조하면 습도를 조절할 수 있다.

피지선이 부족한 눈가와 입술은 더욱 세심하게 관리하자

가을과 겨울철에는 피부가 쉽게 건조해지는 만큼 지속적인 수분 공급이 중요하다. 특히 아토피나 건선 같은 피부장벽 기능 저하로 인한 피부 질환을 앓고 있다면 겨울철에 증상이 더 악화될 수 있으므로 수분 보충은 필수적이다. 게다가 피지선이 없는 부위는 피부 수분이 날아가지 않도록 막아 주는 유분막이 존재하지 않아 다른 부위에 비해 더 빠르게 건조해지기 때문에 관리에 신경 써야 한다.

눈가는 피지선의 밀도가 낮고 입술에는 피지선이 없다. 만약 환절기나 겨울철에 입술이 메마르다 못해 부르터 피가 난다면 관리가 시급하다. 눈가의 경우에는 입술처럼 건조함을 직접적으로 느끼지 못해서, 외출을 했을 때는 특별한 관리를 하기 어려울 수 있으므로 잊지 말고 틈틈이 수분을 공급해 줘야 한다. 입술에는 보습력이 뛰어난 립밤 제품을 권유한다.

들뜬 각질은 필링 후 보습제로 다독이기

각질이 일어났다는 것은 피부장벽에 손상이 왔다는 신호. 손상된 각질층은 장벽으로서의 보호 기능을 제대로 하지 못하기 때문에 건강한 각질의 생성을 유도하는 것이 좋다. 그 방법이 필링이다. 가벼운 필링으로 각질층을 정돈한 다음, 보습제로 피부를 다독여 주자.

미스트를 활용하자

미스트는 건조한 피부에 즉각적인 수분 공급을 해 주는 제품. 피부가 땅기고 건조한 경우에 진정 효과도 있다. 건조한 실내에서 빠르고 간편하게 미스트를 사용해 수분을 공급할 수 있는데, 얼굴에 직접 댄채로 뿌리지 말고, 거리를 두어 분사 후 피부 위에 자연스럽게 떨어지도록 얼굴을 가까이하는 방법이 좋다. 그리고 미스트를 뿌린 후에도 보습 로션이나 크림을 발라 주는 것이 좋다.

Skin Mentor's Message

◆

단순히 물로 만들어진 미스트보다는 '보습 성분'을 함유하고 'pH가 약산성'인 제품이 피부장벽 회복에 도움이 된다.

SKIN
MENTORING

현대과학과 의학이 발달하면서 화장품은 단지 아름
답게 보이도록 치장하는 의미를 넘어서서 피부 상
태를 개선시키는 기능을 지닌 제품이 등장하기에
이르렀다. 의약품의 효과보다는 못하지만 효과가
있는 화장품이 바로 코스메슈티컬이다.

기능성 화장품,
제대로 알고 쓰자

01

화장은
꽃단장이 아니다

＋기능성 화장품의 등장

예로부터 화장이라 함은 얼굴을 곱게 꾸민다는 의미였다. 아름답게 보이고 싶은 것은 여성들의 본성이기에 5천 년 전 고대 이집트의 문헌에도 화장은 등장한다. 그런데 현대과학과 의학이 발달하면서 화장품은 단지 아름답게 보이도록 치장하는 의미를 넘어서서 피부 상태를 개선시키는 기능을 지닌 제품이 등장하기에 이르렀다. 바로, 기능성 화장품의 등장이다.

영어로는 'Functional Cosmetics'라고 할 수 있겠지만, 이보다는 '코스메슈티컬'이라는 단어로 쓰인다. 코스메슈티컬은 화장품(Cosmetics)과 의약품(Pharmaceutical)의 합성어로, 화장품이면서 약처럼 치료적 효과를 가지는 것을 의미한다. 이 말은 1975년 미국의 피부과 의사인 클리그만이 미백 크림을 만들면서 처음 제창한 개념인데, 현재 피부과학계에서 널리 쓰이고 있다.

이해하기 쉽게 설명하자면, 의약품의 효과보다는 못하지만 피부 상태를 개선하는 효과가 있는 화장품이 바로 코스메슈티컬이다. 코스메슈티컬 제품의 등장으로 약과 화장품의 경계가 점점 모호해지고 있다. 그리고 코스메슈티컬의 발전에 힘입어 화장은 더 이상 꽃단장이 아니라 그 이상의 의미를 갖게 되었다.

우리나라에서는 화장품법에서 기능성 화장품을 3가지로 구분해 명시했다. 자외선 차단제, 미백 화장품, 그리고 주름과 탄력 개선 화장품이 기능성 화장품의 카테고리에 속하는 것들이다.

그러나 피부과 의사 입장에서 볼 때, 이러한 분류는 기능성 화장품의 범주를 너무 작게 좁혀 버린 듯하다. 이 3가지 제품군 외에도 여드름을 개선하는 화장품, 아토피 피부염을 개선하는 화장품, 노화를 억제하는 화장품도 엄연한 '기능성'을 갖춘 화장품이기 때문이다. 게다가 앞으로 개발될 다양한 기능을 가지는 화장품들은 기능성이 아니란 말인가.

법이 정하고 있는 기능성 화장품 분류의 미비한 부분에 신경이 계속 쓰이지만 푸념은 잠시 접어 두고 4장에서는 법에서 규정하고 있는 기능성 화장품에 대해서, 5장에서는 여드름과 아토피 피부염 등을 위한 화장품에 대해 이야기하겠다.

자, 그럼 다시 기능성 화장품의 본질로 돌아와서 지금부터 이들에 대해 좀 더 꼼꼼히 알아보도록 하자.

02

잡티 없는 깨끗한
피부를 만드는 선 케어

햇볕이 따가운 여름을 제외하고는 자외선 차단제를 잘 바르지 않거나 야외 활동을 하지 않을 때는 바르지 않는 사람들이 많다. 그러나 자외선 차단제는 하루도 거르지 말고 꼭 발라야 한다. 만약 나에게 다양한 화장품 중 가장 중요한 것들을 꼽으라고 한다면 주저 없이 다음의 4가지를 뽑겠다.

- 세안제
- 보습제
- 각질 제거제
- 자외선 차단제

이 4가지를 중 어느 하나 중요하지 않은 것이 없겠지만 자외선 차단제만 잘 사용해도 피부가 늙는 것을 최대한 붙잡을 수 있다. 자외선 차단제를 사용해야 하는 이유는 다음과 같다.

+ 자외선 차단제를 사용해야 하는 이유

노화 예방

피부는 우리 몸의 다른 장기들에 비해 더 빨리 늙는다. 모든 세포는 세월이 지나면서 노화가 진행되는데, 이를 '시간에 의한 노화'라고 한다. 간, 심장, 콩팥 등 우리 몸의 장기들은 외부에 노출돼 있지 않기 때문에 시간에 의한 노화만 진행되는 데 반해, 피부는 외부 환경 요인에 의한 노화까지 가중된다. 피부가 접하는 환경 요인 중 가장 강력한 노화인자가 바로 자외선이며, 자외선에 의한 노화를 '광노화'라고 한다. 이제 자외선 차단제를 사용하는 것이 왜 피부 노화를 막을 수 있는 것인지 충분히 이해가 되리라 믿는다.

피부암 예방

자외선 차단제를 사용해야 하는 두 번째 이유는 피부암을 예방하기 위해서다. 강한 자외선은 피부 세포의 DNA를 끊어 버린다. 원래 피부에는 끊어진 DNA를 다시 붙여 주는 효소가 있어서 어느 정도는 회복된다. 그러나 아주 강렬한 자외선에 화상을 입거나 오랜 기간 자외선에 노출되면 끊어진 DNA가 복구되지 않고 나중에 피부암을 유발하는 원인이 된다.

자외선이 강한 호주나 미국에서 피부암이 많은 이유가 그 때문이다. 피부암을 예방하기 위해서라도 자외선 차단제는 필수다. 최신 연구에 의하면, 어릴 적 입은 일광화상에 의한 세포 손상이 평생 누적되어 노년에 피부암이 발병하는 데 영향을 준다는 사실이 밝혀졌다.

멜라닌 색소

자외선 차단제를 사용해야 하는 세 번째 이유는 색소 때문이다. 피부는 자외선으로부터 스스로를 보호하기 위해서 멜라닌 색소를 만들어 낸다. 선탠을 반복하면 피부가 검어지는 이유가 바로 멜라닌 색소 때문이다. 일부러 선탠을 하지 않아도 일상적으로 쐬는 자외선만으로 멜라닌 색소가 만들어지는데 이때 피부에 기미, 잡티, 주근깨 등이 나타날 수 있다. 그 밖에도 광과민성 질환(햇볕 알레르기)의 예방을 위해서도 자외선 차단제가 필요하다.

자외선이 무조건 해로운 것은 아니다. 유익한 점도 있다. 자외선을 쐬면 비타민 D의 합성이 이루어져 뼈가 튼튼해진다. 비타민 D는 음식물로 섭취가 어려운 물질이라 자외선을 통한 합성이 필요하다. 특히 멜라닌 색소가 부족한 백인들은 자외선에 의한 비타민 D의 합성이 잘 안 된다. 그래서 백인들이 햇볕만 나면 옷을 벗어젖히고 일광욕을 하는 것이다.

그러나 한국인과 같은 아시아인은 멜라닌이 충분하기 때문에 하루 20분 정도만 햇볕을 쬐어도 뼈가 약해질 염려는 없다. 더욱이 화상을 입을 정도의 강렬한 햇볕은 필요 없다.

✛ 자외선이 도대체 뭐야?

자외선이란 단어만 정확히 이해하면 자외선의 정체에 대해 금방 이해할 수 있다. 무지개는 '빨주노초파남보'의 일곱 가지 색깔로 펼쳐진다. 이것은 눈으로 보이는 가시광선의 파장이 순서대로 펼쳐진 것인데, 가시광선의 가장 바깥쪽에 있는 색이 보라색이다. 자외선은 보라색보다 더 바깥에 있는 눈에 안 보이는 파장이며, 적외선은 그 반대편에 있는 빨강 파장의 바깥쪽에 있는 눈에 안 보이는 파장을 말한다.

자외선은 파장이 200~400㎚로 파장의 길이에 따라 A, B, C의 3가지로 나뉘는데 이 중 UVC는 오존층에서 차단되고, UVA와 UVB가 피부에 영향을 미친다.

파장대에 따른 자외선 구분

자외선 ←  → 적외선

자외선 A	자외선 B	자외선 C
320~400㎚의 파장	280~320㎚의 파장	200~280㎚의 파장
길고, 피부 깊이 침투	짧고, 화상을 일으킴	성층권에서 흡수됨

자외선 A(UVA), 피부 노화의 주범

UVA는 자외선의 90~95%를 차지한다. 즉, 우리가 받고 있는 자외선의 대부분이 UVA인 셈이다. UVA는 피부 노화의 주원인으로 꼽히며 기미와 주근깨를 악화시키는 원인이기도 하다. 일출부터 일몰 때까지 하루 종일, 사계절 내내 존재하며 집 안의 창문이나 커튼도 통과하고 구름 낀 흐린 날은 물론 비 오는 날에도 피할 수 없다. 피부를 뚫고 들어와 표피에서는 멜라닌을 증가시킬 뿐 아니라 진피층까지 깊이 파고들어 가서 콜라겐(교원섬유)과 탄력섬유의 변성을 야기한다. 즉, 피부 노화를 일으키는 것이다.

자외선 B(UVB), 여름에 특히 주의해야

UVB는 여름에 증가하며, UVA보다 파장이 짧아 피부 깊숙이 침투하지는 못하지만 에너지가 커서 과다하게 쬐면 일광화상을 입을 수 있다. 또 피부 면역력을 떨어뜨려 세균에 감염되기 쉽고 암을 유발하는 등 인체에 광생물학적으로 영향을 미친다.

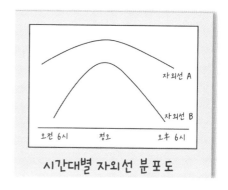

03

자외선 차단제의
종류

자외선 차단제는 크게 2가지 성분으로 나뉜다. 화학적 자외선 차단 성분과 물리적 차단 성분이 있는데, 각 성분에 따라 기능과 특징이 다르게 나타난다. 우리가 바르는 자외선 차단제에는 이들 2가지 성분이 함께 들어 있는 경우가 많다.

＋화학적 자외선 차단제 [화학적 흡수제]

화학적 차단제는 자외선을 흡수해 피부에 흡수되는 자외선의 양을 줄여 준다. 화학적으로 안정된 자외선 차단제는 투명하고 무색이며 피부 자극이 적고 피부에 바를 때 잘 발리며 미용적으로도 우수하다.

얼굴이 허옇게 뜨는 백탁 현상이 나타나지 않는다.

화학적 흡수제는 여러 자외선 중에서 일광화상을 일으키는 UVB 영역을 주로 커버하기 때문에 기미나 광노화를 막기엔 부족하다. 또한 성분마다 일정한 파장의 빛을 흡수하므로 광범위한 파장의 빛을 차단하기 위해서는 많은 성분이 필요하다는 단점이 있다.

게다가 피부에 바른 후에는 화학분해가 쉽게 이루어지거나 전신 흡수를 통해 소멸되므로 시간이 지날수록 표면에 남은 농도가 줄어들어 차단 효과도 감소한다. 무엇보다 사용자에 따라 열감, 가려움 등을 호소할 수 있는 게 가장 큰 단점이다. 화학적 필터가 UV를 흡수해 변성될 때 나오는 에너지나 부산물이 접촉 피부염을 일으킬 수 있기 때문이다. 특히 PABA는 화장품 안의 성분 배합 한도를 엄격히 규제하고 있다.

이러한 단점을 보완해 새로운 화학적 UVA 필터로 에캄슐(또는 '멕소릴 SX'라고 부른다), 베모트리지놀, 비속트리졸 등이 등장했다. 이들 성분은 자체적으로 UVA 차단 효과가 있을 뿐 아니라, UVA를 흡수하는 아보벤존의 광안정제로 작용하기 때문에 좀 더 안전하다.

화학적 흡수제의 주성분
- 옥시벤존
- 옥틸 멕토시신나메이트
- 인슐리졸

✚ 물리적 차단제(자외선 산란제)

물리적 차단제는 자외선을 반사시키거나 산란시켜 피부를 보호하는 자외선 차단제다. 화학적 흡수제와는 달리 피부에 흡수되는 것이 아니라 피부 표면에 막을 형성해 자외선을 차단하는 것이기 때문에 UVA, UVB를 모두 차단할 수 있으며 바르자마자 자외선 차단 효과를 볼 수 있다.

피부에 막을 형성해 덮고 있다가 씻겨 나가 피부 자극도 거의 없고, 화장품 내 사용량 제한도 거의 없다. 코와 귀 등 특정 부위에 바르면 확실한 자외선 차단 효과를 볼 수 있다.

무엇보다 자외선과 반응 시 변성이 일어나지 않으므로 차단 지속 효과도 길고, 과민성이 나타나는 감작 반응을 일으키지 않아 민감한 피부에도 안심하고 사용할 수 있다.

단, 물리적 차단 성분은 피부에 잘 발리지 않고 바른 부위가 밀폐되기 때문에 여드름, 모낭염, 땀띠 등이 생길 수 있는 단점이 있다. 게다가 바르면 백탁 현상이 나타난다. UVA, UVB를 모두 차단할 수 있기는 하지만 UVB 차단 효과는 화학적 흡수제보다 약하다.

물리적 흡수제의 주성분

- 티타늄 다이옥사이드
- 카오린
- 징크옥사이드
- 마그네슘 산화물

+ 자외선 차단 기능 보충제와 그 의미

자외선 차단 기능 보충제는 말 그대로 자외선 차단제의 기능을 높여 주는 성분을 말한다. 크게 활성물질과 광분해 억제제로 나눌 수 있으며, 구체적인 기능과 원리는 다음과 같다.

활성물질

항산화제, 삼투압제

앞서 말한 것처럼 자외선은 피부세포의 DNA를 끊는다. 이 과정에서 세포에 유해한 산화대사물이 발생해 유전자 손상과 노화에 영향을 미친다. 따라서 항산화물질인 비타민 C, 비타민 E, 폴리페놀 등을 첨가해 세포 손상을 막는 활성제로 사용하고 있다. 최근엔 삼투압제인 타우린 13과 엑토인 14, DNA 리페어 엔자임 7, 8 등도 자외선 차단 화장품의 성분으로 추가되어 자외선에 의한 유전자 손상을 막는 데 이용한다.

광분해 억제제

◆

화학적 흡수제는 분해에 의해 차단 효과가 시간이 지날수록 감소돼 피부에는 좀 더 자극적이 되는 것이 단점이다. 따라서 화학적 흡수제의 광분해를 억제하여 안정화하는 기술이 개발되고 있는데 철킬레이터, 비타민 C, E 등이 주된 광분해 억제제다. 경우에 따라 파르솔 1789의 광분해를 감소시키는 에캄슐과 같은 성분을 첨가하기도 한다.

자외선 차단 보충제는 효과적인 자외선 차단을 위한 부가적인 방법이지만, 자외선 차단제 자체에 특수한 성분을 추가해 기능을 높이는 것 외에도 일상생활 속에서 자외선 차단 효과를 높일 수 있는 방법이 있다.

예를 들어 항산화제는 평소에 채소와 과일을 섭취해 보충할 수 있다. 또는 비타민 C, E, 폴리페놀이 함유된 화장품을 사용하는 것도 도움이 된다.

이 밖에도 차단제를 바르기 전에 먼저 로션을 잘 펴 바르면, 차단제가 균일하게 피부에 도포되어 피부에 얼룩덜룩한 색소침착이 생기는 것을 예방할 수 있다.

04

자외선 차단제,
과연 안전한가?

+ 차단지수가 높을수록 피부에 자극적인가?

SPF 지수가 높을수록 화학적 흡수제에 성분이 많이 들어가므로 피부에 자극을 줄 수 있다. 그러나 최근에는 화학적 흡수제 성분을 줄이고, 물리적 차단제의 함량을 높여 피부 안정성을 좀 더 높인 제품들이 출시되고 있어 차단지수를 높이면서도 자극은 줄이고 있다.

+ 백탁 현상이 많은 차단 제품이 더 좋다?

근래의 차단제들은 물리적 차단 성분의 함유가 더 많으므로 백탁 현상이 더 심하게 나타나는 경향이 있으나, 최근 나노입자 크기의 물리적 차단 성분이 사용되면서 백탁 현상을 줄이면서 사용감을 높인 제품들이 소개되고 있다. 따라서 백탁 현상의 많고 적음만으로 차단 효과와 안전성을 판단하기엔 무리가 있다.

✛ 나노 티타늄 성분은 안전한가?

물리적 산란제가 화학적 흡수제에 비해 피부에 안전하다고 한 이유는 흡수되지 않기 때문이었으나, 물리적 산란제도 나노입자화한 성분들은 피부에 흡수된다. 나노입자가 작을수록 더 깊이 흡수되고 백탁 현상은 줄어들겠지만, 물리적 산란제의 역할로 볼 때 피부에 침투되는 깊이가 표피층 이상일 필요는 없다. 너무 깊게 침투해서 진피층까지 내려가면 오히려 좋지 않다.

따라서 너무 작은 크기의 나노입자보다는 표피와 진피 경계부를 넘지 못할 정도의 크기(500dalton 이상)가 적절하다고 볼 수 있다. 학계 일부에서는 징크옥사이드의 경우 나노입자로 흡수되었을 때 암의 발생과 유관하다는 논문이 있으나, 아직 정설로 인정받고 있는 것은 아니다.

백탁 현상이란
자외선 산란제가 피부 속에 스며들지 않고 피부 밖에 막을 형성해 피부가 하얗게 보이는 것. 산란제의 입자가 클수록 더 심하다.

05

자외선 차단지수
SPF, PA 이해하기

+ 일광차단지수(Sun Protection Factor), SPF의 비밀

흔히 SPF를 모든 자외선을 차단하는 지수로 알고 있는데, 그렇지 않다. SPF는 UVB를 차단하는 효능을 표기하는 단위다. 즉, 전체 자외선의 90% 이상을 차지해 우리가 일상생활에서 가장 많이 받는 UVA를 차단해 주는 것은 아니다. 그렇다면 SPF는 언제 유용한 걸까? SPF는 바닷가나 야외에서 '일광화상을 입을 염려가 있을 때' 중요한 지수로 활용하는 단위다.

다음 공식처럼 SPF는 차단제를 바르지 않고 UVB에 노출되어 피부가 빨개지는 홍반의 최소량을 측정하고 차단제를 바른 후 측정한 최소 홍반량으로 나눠 구한 값이다.

SPF 산출 공식

$$SPF = \frac{\text{자외선 차단제를 도포 시 최소 홍반량}}{\text{자외선 차단제를 도포하지 않을 시 최소 홍반량}}$$

예를 들어 만약 양팔 안쪽에 UVB를 쬐는데, 오른쪽에는 차단제를 바르고 왼쪽에는 바르지 않았다고 하자. 왼쪽이 10분 만에 빨개졌는데 오른쪽이 100분 만에 빨개졌다고 하면 SPF는 10이 되는 것이다. 따라서 SPF가 낮다는 것은 효능이 낮은 것뿐 아니라, 차단 효과의 '지속 시간'도 짧은 것이다.

제품에 표시된 SPF 지수, 믿을 만한가?

SPF 측정 시 나라마다, 각 실험기관마다 측정 환경과 기준이 제각기 다르다. 따라서 동일한 SPF 지수가 표기된 제품이라도 실제 차단력은 다를 수 있다.

유럽과 미국을 비교하면, 유럽이 SPF에 대해 더 엄격한 수치를 표기하는 경향이 있다. 동일한 SPF 30 제품의 경우 유럽 제품이 미국 것보다 실제 차단지수가 더 높다.

또한, 실험실 광원과 실생활에서 노출되는 자외선의 파장에서 차이가 나며, 지역별 고도, 계절, 노출 시간대에 따라 자외선의 파장과 강도에서 차이가 나므로 실제 피부에 발랐을 때 실험실 조건과 동일한 차단 효과가 나오지 않는다는 점도 SPF 해석 시 유의해야 한다.

SPF 지수와 자외선 차단 효과의 관계

'피부에 도달하는 자외선량'을 기준으로 보면 SPF 30 제품은 SPF 15 제품에 비해 2배 효과가 있다고 말하는 사람도 있다. 그러나 '필터링되는 자외선량'을 기준으로 보면 그렇지 않다. 즉, 제품마다 항산화제나 광분해 억제제의 첨가 유무에 따라 편차가 크기 때문에 정확히 파악되지 않고 있는 것이다. 그러므로 차단지수도 중요하지만, 앞서 이야기한 항산화제나 광분해 억제제와 같은 성분이 들어 있는지 여부도 꼼꼼히 살펴보고 구입하는 것이 좋다.

SPF 지수와 차단 시간의 관계

SPF 지수는 자외선에 의한 일광화상이 일어날 때까지 피부를 보호해 주는 시간의 개념이므로 그 효과는 얼마나 차단력이 있는 성분을 사용했는지와 더불어 얼마나 강한 자외선을 쬐였는지에 의해 결정된다.

대략 우리나라 사람이 SPF 30을 바를 경우 7시간 30분에서 10시간의 차단 효과가 있다(단, 권장량을 발랐을 경우임). 그런데 이는 기준 실험실적 환경(일정 시간, 일정 도포량이 소실 없이 잘 유지되며 광원과 자외선 강도도 일정하다는 조건)하에 유효한 설명이다. 즉, 실제 생활에서는 지속 시간이 짧아지기 쉽다.

+PA 지수 또는 PPF 지수

PA(Protection Grade of UVA) 지수 또는 PPF(Phototoxic Protection Factor) 지수는 UVA를 어느 정도 차단할 수 있는지를 나타내는 값이다. 쉽게 이야기하면 기미나 잡티 같은 색소침착과 광노화를 얼마나 막아 주는지에 대한 지표가 PA인 것이다.

PA 산출 공식

$$PA = \frac{\text{자외선 차단제를 도포한 곳의 PPD}}{\text{자외선 차단제를 도포하지 않은 곳의 PPD}}$$

* PPD : 최소 지속형 색소침착 자외선량

PA 값에 따른 차단 효과는 3단계로 구분되며 '+'로 표기한다. PA+는 자외선 차단제를 바르면, 바르지 않았을 때와 비교했을 때 UVA의 차단 효과가 2배, PA++는 4배, PA+++는 8배임을 나타낸다.

자외선 차단제
사용 설명서

자외선 차단제를 잘 사용하면 일광화상뿐 아니라 광선각화증, 편평세포 암, 멜라닌세포성 모반, 흑색종과 같은 피부암까지도 예방할 수 있다. 그 밖에 광노화를 예방하고 지연시키며 기미나 잡티 같은 색소성 피부 질환도 예방할 수 있고, 햇볕 알레르기와 같은 광과민성 질환이나 자외선에 의한 면역 저하를 예방할 수 있다. 이렇게 좋은 점들이 많고, 중요한 자외선 차단제도 제대로 알고 사용하지 않으면 효과가 반감된다. 지금부터 올바른 자외선 차단제 사용 요령을 익혀 보자.

◆

사람 얼굴 피부의 면적은 400~600㎠. 얼굴 전체에 1회 도포해야 하는 양은 얼마나 될까? 0.8~1.2g 정도로 대추 한 알 크기, 집게손가락 끝마디, 티스푼 하나, 또는 오백 원 동전 하나 정도의 양이다. 생각보다 많은 양을 발라야 한다는 사실에 놀란 분도 있을 것이다. 여름철 해변에서는 자외선 차단제를 몸 전체에 30(소아)~60(성인)㎖ 정도 사용해야 하는데, 이는 차단제 한 통에 해당하는 양이다. 여러분의 생각보다 많은 양이 필요하다는 사실!

+ TPO에 맞는 자외선 차단제 사용법

Time

"외출하기 30분 전에 바르기!"

화학적 흡수제는 제 역할을 하려면 피부에 흡수되는 시간이 필요하다. 차단 성분이 피부 표면에 균일한 상태로 흡착되기 위해서는 최소 15~30분이 필요하다.

"로션 바른 후, 메이크업하기 전에는?"

실험에 의하면 로션을 먼저 바르고 차단제를 바르는 것이 좋다. 차단제를 바를 때는 맨살에 바르는 것보다 로션을 고르게 바른 후에 차단제를 바르는 것이 더 고르게 발라지고 차단 효과도 더욱 커진다는 사실.

자외선 차단 성분이 함유된 메이크업 베이스, 비비크림, 파운데이션, 팩트, 파우더 등 복합제품의 차단지수 평가기준은 일반 자외선 차단제와 동일하다. 그러나 실제로 색조화장품은 자외선 차단제보다 '훨씬 적은' 양을 바르게 되므로 차단지수만큼의 효과를 기대하기 어렵다. 따라서 충분한 차단 효과를 얻기 위해서는 색조화장을 하기 전에 자외선 차단제를 먼저 바르는 것이 바람직하다.

차단 효과가 안정되게 나타나려면 바를 때 충분한 양을 두께가 고르게 펴 바르고 피부에 완전히 흡수시켜야 한다. 두드리며 바르는 것이 문지르는 것보다 더 고르게 잘 발린다. 한 번에 두껍게 바르는 것보다 얇게 여러 겹 덧바를 때 충분한 두께와 양을 번들거리지 않고 잘 바를 수 있다.

"2시간마다 덧바르기!"

여러 논문의 실험 데이터를 종합해 보면, FDA의 권장인 2시간마다 바르는 것이 좋고, 처음 바른 직후 20분 뒤에 한 번 더 바르면 차단 효과가 더욱 상승한다.

대부분이 실제 얼굴에 바르는 자외선 차단제의 양은 권장량의 4분의 1밖에 되지 않는다. 적은 양을 바르는 만큼 실제 차단 효과도 제품에 표기된 차단지수의 3분의 1에서 4분의 1 정도밖에 못 미친다.

예를 들어 SPF 20 제품을 권장량보다 4분의 1 수준으로 바르면 차단 효과는 1시간밖에 되지 않는다. 게다가 차단제를 바른 후 땀이나 바람, 손동작 등에 의해 씻겨 나가는 양을 고려한다면, 매일 아침에 바르는 SPF 20 제품의 일광화상 차단 효과 지속 시간은 1시간도 채 안 되는 것이다.

더욱이 바닷가에서 자외선이 강한 11시~13시 사이에 평소 습관대로 SPF 20 제품을 바르고 자신만만하게 자외선에 노출한다면 채 30분도 안 되어 일광화상을 입게 될 것이다.

광안정성 필터의 개발, 아보벤존과 디에칠헥실말레이트 2, 6의 복합기술, 나프탈레이트와 옥시벤존과 같은 필터 복합기술 등으로 자외선 차단 필터의 안정성이 향상되었다. 또한 항산화제 등의 자외선 차단 보충제 첨가, 물리적 차단제의 나노화 및 함량 증가로 SPF 지수가 50이상까지 상승하고, 워터프루프 타입의 등장으로 최근 출시되는 자외선 차단 제품의 반감기는 매우 연장되어 실험실 조건에서는 8~15시간까지 일광화상에 대한 자외선 차단 효과가 안정적으로 유지될 것으로 나타났다.

이러한 수치만 따져 보자면 자외선 차단제를 하루 한 번만 발라도 충분하고 덧바를 필요가 없어 보인다. 그러나 권장량에 못 미치는 실제 사용량과 물이나 땀, 모래 등에 씻겨 나가는 점 등을 고려하면 여전히 2~3시간 간격으로 덧바르는 것이 안전하다.

다양한 제형별 제품 선택과 활용법

크림
- 지속력이 좋고 차단지수도 높지만 끈적임이 단점이다.

로션
- 흡수력, 밀착력이 좋지만 크림에 비해 소량으로 묽게 발려 차단력이 떨어진다.

젤
- 끈적임이 있지만 물에 강해 워터프루프 제품에 많이 활용된다.

선밤/선스틱
- 얼굴 전체보다는 눈가, 입가, 볼 등 부분적으로 바르거나 덧바를 때 사용감이 편하다.

스프레이/파우더
- 바르거나 뿌리는 과정에 공기 중으로 날아가는 양이 많고 피부에 흡수도 잘되지 않기 때문에 실제 차단지수가 낮고, 잘 지워져 다른 제형보다 자주 덧발라야 해서 주로 수정 메이크업에 활용된다.

워터프루프 자외선 차단제

내수성이란 물에 잘 지워지지 않는 성질로, 자외선 차단제가 효과를 발휘하기 위해서는 물기나 땀에 잘 씻기지 않아야 한다. 이러한 성질을 충족했을 때에는 'Water Resistant' 인증마크가 부착된다.

인증 마크 부착 기준

도포 후 물에 40분 동안 담근 후 SPF 측정 시 처음과 동일한 SPF를 유지할 경우에는 'Water Resistant' 마크가 인증되고, 도포 후 80분 뒤에도 동일한 SPF를 유지할 경우에는 'Very Water Resistant' 마크를 인증한다.

Place

비 오는 날에도 자외선의 70%가 유지된다. 실내에 있어도 자외선으로부터 안전하지 않다. 투명 유리창은 자외선의 90%가 투과되고, 검은 유리창도 자외선의 70%가 투과된다. 커튼을 치면 어떨까? 커튼은 약 40% 투과된다. 실내에서 사용하는 조명은 안전할까? 형광등은 일광의 100만분의 일 정도의 자외선만 함유하므로 안전하지만 LED 램프에서는 자외선이 일부 방출된다는 보고가 있는 만큼 실내에서도 자외선 차단제를 바르는 습관을 갖는 것이 좋다.

Occasion

특히 여름철 바캉스 시즌에는 자외선 차단제의 사용이 무엇보다 중요하다. 평소에는 잘 바르고 다니다가도 장시간 야외 활동을 하다 보면 잊어버리기 쉽다. 물리적 차단제처럼 흡착되지 않고 겉도는 성분은 물에 쉽게 씻겨 나갈 수 있으므로 물에 들어가기 30분 전에 발라야 한다. 장시간, 야외 활동을 할 때는 SPF 지수가 높은 차단제를 자주 덧바르는 것이 중요하다.

겨울 스포츠 스키와 보드를 즐기기 위해 스키장을 찾는 사람이 많은데, 스키장은 대체로 주변에 비해 기온이 낮고 눈에 의해 자외선의 80~90%가 반사되어 여름철 해안에서와 마찬가지로 다량의 자외선에 노출되게 된다. 따라서 자외선에 의한 피부 손상으로 피부가 화끈거리는 느낌과 함께 열 손상이 발생할 수 있으며, 피부에 발생한 열로 인해 피부 속 수분이 증발하고 각질이 들떠 피부 표면이 건조하고 거칠어지는 느낌을 받을 것이다.

스키장에서 가장 중요한 것은 자외선 차단이다. UVA와 UVB가 동시에 차단될 수 있는 SPF 50, PA+++의 제품을 사용하는 것이 좋다. 자외선 차단제의 경우 바닷가에서와 마찬가지로 2~3시간 간격으로 덧발라 주는 것이 좋다.

07

화이트닝,
멜라닌을 차단하라

"아침에는 열심히 커버를 하고 나와도, 오후만 되면 화장이 날아
가면서 눈가와 광대에 가무스름히 주근깨와 기미가 올라와 고민이
에요."

이러한 고민을 호소하는 여성들이 많다. 만약 당신이 아직까진 기
미 같은 건 모르고 사는 20대 초반이라면 바로 지금이 중요하다. 기미
와 주근깨는 생긴 다음에 관리하려면 늦기 때문이다.

일단 한 번 생기면 화장품만으로는 당장에 눈에 띄는 효과를 기대
하기 어렵고, 레이저 시술을 받더라도 100% 없어진다는 보장이 없다.
색소 케어에 있어서는 예방이 최우선이요, 치료는 후순위라는 것을
명심하자.

+ 피부는 왜 검어지고 기미는 왜 생길까?

동양 여자들의 로망 중의 하나가 백옥같이 하얀 피부 아닐까. 동남아에서는 흰 피부가 귀족이나 부자의 상징이라는 이야기도 있다. 그만큼 깨끗하고 하얀 피부는 더 귀티 나고 어려 보이는 비결이다. 나이가 들면서 여성들은 기미와 잡티가 생기고 반작용으로 맑고 고운 하얀 피부에 대한 선망은 더 강해진다. 그렇다면 피부는 왜 검어지고, 기미는 또 왜 생기는 걸까? 피부색을 결정하는 요인들은 어떤 것들이 있는지 알아보자.

사람의 피부색을 결정하는 요인에는 몇 가지가 있다. 멜라닌 색소, 카로텐, 혈색소(헤모글로블린) 등이 그것이다. 이 중 피부색의 90% 이상을 결정하는 것이 멜라닌 색소다.

멜라닌 색소는 표피의 맨 밑바닥(기저층, 진피의 바로 위)에 위치하는 멜라닌세포에서 만들어진다. 멜라닌세포는 도파라는 신경전달물질을 원료로 색소를 만들며 길게 뻗어난 가지를 통해 각질형성세포 안으로 색소를 주입한다. 최종적으로는 멜라닌 색소의 산화가 일어나면서 검은색을 띠게 된다. 즉, 멜라닌세포가 색소를 만드는 공장인 셈이다.

피부가 까맣다면 멜라닌세포가 많을까?

재미있는 것은 백인이나 동양인이나 흑인 모두 멜라닌세포의 숫자는 동일하다는 것이다. 그렇다면 인종에 따른 피부색의 차이는 어떻게 나는 걸까. 그것은 세포가 아니라 멜라닌 색소의 크기와 숫자의 차이 때문이다. 즉, 흑인은 색소의 크기가 크고 숫자가 많은 반면 백인은 반대다. 그리고 같은 인종이라도 멜라닌세포의 활성도가 높으면 색소를 많이 만들어 내고 낮으면 적게 만들어 낸다. 실제로 기미가 있는 부위를 조직검사해 보면 멜라닌세포의 활성도가 정상 부위보다 많이 증가돼 있음을 알 수 있다. 따라서 멜라닌세포를 자극하지 않는 것이 화이트닝의 첫 단계라고 할 수 있다.

08

화이트닝 제품
사용 설명서

"색소를 만드는 공장인 멜라닌세포. 만약 멜라닌세포가 없다면 우리 몸은 어떻게 될까? 기미와 잡티에 대한 고민이 사라지지 않을까?"

그렇지 않다. 멜라닌세포가 없어지면 우리 몸은 불행해진다. 예를 들어 전신에 멜라닌세포가 없으면 알비니즘(백피증)이 되고, 국소적으로 없으면 백반증이라는 피부병이 나타난다. 그리고 장기적으로는 일광화상이 반복되고, 뼈는 약해지고, 피부암에도 쉽게 걸리게 된다.

따라서 멜라닌세포는 우리 몸에 반드시 필요한 존재다. 적당량의 멜라닌 색소가 있어야 자외선으로부터 피부를 보호하고 뼈에 필요한 비타민 D를 합성할 수 있기 때문이다. 즉, 과도한 멜라닌 색소가 미용적으로 문제가 되는 것이지, 멜라닌 자체는 해로운 것이 아니라는 점이다.

"그렇다면, 피부색을 희게 하려면 어떻게 해야 하는 걸까?"

멜라닌세포를 죽여서는 안 된다고 했으니 정답은 뻔하지 않겠는가. 그렇다. 멜라닌 색소를 줄이면 된다. 색소가 만들어지는 과정을 방해하거나, 이미 만들어진 색소를 환원시키는 것이다.

우리가 알고 있는 비타민 C의 미백 효과는 멜라닌을 만드는 과정을 방해하면서 동시에 산화된 색소를 환원시키는 데서 기인한다. 피부과에서 기미 치료를 위해서 비타민 C를 이온영동법을 이용해 피부에 강제 침투시키는 것도 그런 작용을 노리는 것이다.

비타민 C 외에 알부틴이나 하이드로퀴논 성분은 색소를 만드는 과정에서 중요한 역할을 하는 타이로시나제라는 효소를 억제함으로써 미백 효과를 갖는다. 최근에는 멜라닌 색소의 이동을 억제하는 성분도 미백제로 사용되고 있다. 즉, 미백제의 원리는 멜라닌 색소의 '생성을 억제하거나, 이동을 억제하거나 혹은 환원시키는 것'이다.

+ 자외선 차단제가 화이트닝 제품보다 더 중요하다

일반적으로 화이트닝을 생각하면 고가의 기능성 제품이나 필링 등을 생각하기 마련이지만, 화이트닝의 기본이자 첫걸음은 바로 '자외선 차단'이다. 자외선을 받으면 멜라닌세포의 활성도가 증가하고 색소도 많이 만들어진다. 그런데 앞서 말한 것처럼 한번 생긴 색소는 좀처럼 없애기 힘들기 때문에 사전에 착색되지 않도록 예방하는 것이 더 중요하다. 고가의 화이트닝 제품을 사용하는 것보다 자외선 차단제를 꼼꼼하게 발라 주는 것이 현명하다.

더불어 필링제로 각질 케어를 하는 것도 화이트닝 효과가 있다. 묵은 각질층에 쌓인 멜라닌 색소를 걷어 내 주기 때문이다.

자, 이제 화이트닝의 3단 콤보를 정리한다.

- **첫째,** 자외선 차단제의 생활화로 멜라닌 색소 생성 예방
- **둘째,** 정기적인 각질 케어로 묵은 색소 몰아내기
- **셋째,** 화이트닝 제품은 최소한 3개월 이상 꾸준히 사용할 것

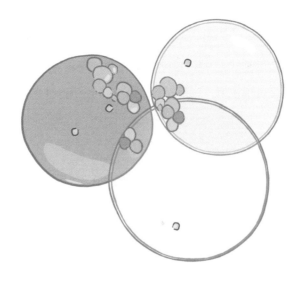

09

지친 피부에 활력을 불어넣는 안티에이징

"주름은 왜 생기는 걸까?"

주름에는 피부 노화의 원리가 담겨 있다. 피부는 인체에서 가장 빨리 늙는 장기다. 항상 외부 환경과 접촉하기 때문에 시간이 흐르면서 세포가 늙는 내인성 노화와 환경에 의한 노화가 동시에 진행된다.

노화 메커니즘을 설명하는 2가지 가설이 있다. 유전적 프로그램에 따라 일어나는 과정이라고 주장하는 프로그램 이론과 유전인자와 단백질에 대한 누적된 환경 손상이 결국 노화를 일으킨다는 확률 이론이다. 보통의 세포는 이 2가지 메커니즘에 의해 노화가 진행되는데, 피부에서는 광노화와 같은 환경적 요인에 의한 노화가 더 가중된다.

+ 진피(Dermis)의 콜라겐(Collagen)의 노화 현상이 가장 큰 역할을 한다

표피층(각질층 포함)만의 노화로는 주름이 생기지 않는다. 진피가 노화될 때 피부에 주름이 생기는 것이다.

피부 노화에는 여러 피부 성분의 변화가 관찰되지만 특히 콜라겐의 노화가 눈에 띄게 나타난다. 콜라겐(교원섬유)은 표피에는 없고 그 아래에 있는 진피에만 있으며 진피에서 물을 제외한 무게(건조 중량이라고 함)의 70~80%를 차지하는 매우 중요한 구성물질이다. 콜라겐은 피부를 팽팽하게 해 주는 장력을 제공하는 역할을 하는데, 이 때문에 콜라겐이 변성되면 피부가 쭈글쭈글해지는 것이다. 직경이 1㎜인 콜라겐이 40㎏의 무게를 끊어지지 않고 견딜 수 있으니 얼마나 질긴지 짐작할 수 있을 것이다. 콜라겐의 질긴 장력이 있기에 지구의 중력이 우리 피부를 아래로 끌어당겨도 처지지 않는 것이다. 물론 젊은 콜라겐이 버티고 있을 때 말이다.

20대 중반이 지나면 콜라겐의 생성 속도는 조금씩 줄어들고 반대로 분해되는 속도는 조금씩 빨라진다. 그 결과 콜라겐 섬유들이 가늘어지고 진피의 치밀도가 줄어 느슨해지면서 피부에 주름이 잡히고 급기야는 처지게 된다. 피부과에서 시술하는 대부분의 안티에이징 레이저 치료는 늙은 콜라겐이 다시 젊은 콜라겐으로 회복되도록 자극을 주는 원리를 이용한다.

레티놀로부터 시작되어 성장인자나 펩타이드 화장품까지 안티에이징을 표방하는 기능성 화장품들의 주성분들도 콜라겐의 신생을 촉진하는 성분들이다. 물론 피부과에서 시술하는 레이저만큼 강력하지는 않다. 이 역시 화이트닝 제품처럼 꾸준히 사용해야 효과를 얻을 수 있다.

+ 자외선은 피부 노화의 주된 원인

앞서 말했듯이 피부가 받는 환경적 노화 요인 중 가장 큰 영향을 끼치는 것이 자외선이다. 자외선은 각질층을 거칠고 두껍게 할 뿐 아니라 진피에도 많은 변화를 일으킨다. 콜라겐의 변성이나 탄력섬유에도 심한 변성을 유발한다. 결국 각질은 두꺼워지고 진피는 얇아지고 탄력을 잃게 된다. 그 밖에도 모세혈관이 늘어나고 색소침착이나 색소 소실 등의 색소 변화, 심하면 피부암까지 유발한다.

광노화 피부의 변화

1. 피부결이 거칠어진다.   2. 건조해진다.

3. 색소침착이 얼룩진다(기미, 잡티, 주근깨 등).

4. 주름이 더 깊어진다.   5. 모세혈관 확장이 나타난다.

6. 피부가 처진다(이완됨).   7. 멍이 잘 들고 흉터처럼 보인다.

8. 피부암이 발생할 수 있다.

10

피부 노화를 촉진하는
나쁜 생활 습관

＋ 자외선 차단제를 바르지 않는다

환경에 의한 노화의 원인 중 가장 큰 영향을 미치는 것이 자외선이
다. 광노화는 피부의 각질층이나 표피층뿐 아니라 깊은 진피층에 이
르기까지 광범위한 변화를 초래한다.

＋ 흡연은 상상 이상으로 피부 노화를 촉진한다

연구 자료에 의하면, 흡연은 특히 여성의 노화를 더 촉진시키는 것
으로 보고되고 있다. 하루 한 갑씩 흡연한 햇수와 주름이나 흰머리의

정도가 비례한다.

조직학적으로 흡연자의 피부는 일광 손상을 받은 피부에서와 비슷한 정도로 탄력섬유의 손상을 보인다. 또한 흡연은 각질층의 수분 함량을 떨어뜨리고 피부의 에스트로겐을 감소시켜 피부가 건조해지고 얇아진다. 게다가 흡연은 광노화를 더 촉진시키는 효과도 있다. 장기적인 흡연은 피부암의 발생을 증가시키는 것으로 추측되고 있다.

예를 들어 햇볕에서 자외선 차단제 없이 담배를 피우면 피부암의 발생빈도가 매우 증가되는데, '마도로스 피부암'이라는 것이 유명한 예다. 외항선원의 입술에 유난히 피부암이 잘 생기는 것을 특정 지어서 일컫는 말이다. 강렬한 자외선을 쬐면서 담배까지 피우니 피부암이 빈발하는 것이다.

+ 물을 마시지 않고 커피를 많이 마신다

수분이 부족한 피부는 전반적으로 탄력이 떨어지고 거칠어지기 쉽다. 따라서 체내에 수분이 부족하면 피부에도 수분이 부족하므로 물을 충분히 마셔 피부에 수분이 부족하지 않도록 유지하는 것이 좋다.

커피는 체내에서 이뇨 작용을 활발하게 하여 체내의 수분 부족 현상을 일으킬 수 있다. 따라서 커피보다는 물을 충분히 마셔 주는 것이 좋다.

+ 얼굴을 자주 습관적으로 만진다

얼굴을 자주 습관적으로 만지는 것은 여드름이나 트러블이 발생할 경우, 트러블에 악영향을 미쳐 염증을 더 악화시킬 수 있으므로 자제하는 것이 좋다. 염증이 오래 반복되면 피부가 두꺼워지고 거칠어진다.

+ 평소 과일과 채소를 멀리한다

과일과 채소에 함유되어 있는 비타민과 무기질을 비롯한 성분들은 노화된 세포를 복구시켜 주는 항산화 효과와 더불어 피부의 탄력을 증가시키고 수분을 공급하는 좋은 요소들이다. 피부 건강을 위해 꾸준히 섭취하자.

+ 화장을 지우지 않고 잔다

화장을 지우지 않으면 메이크업 잔여물들이 산패하면서 피부에 여러 가지 트러블을 일으키는 원인이 된다. 또한 모공을 막아 여드름을 유발하는 원인이 될 수 있으므로 취침 전 꼼꼼한 클렌징은 필수다.

11

노화를 억제하는
기능성 성분

➕ 레티놀 성분 (Retinol)

주름을 개선하는 기능성 화장품의 효시가 아닐까 싶다. 의학적으로는 레티노이드가 1970년대 초반부터 주름과 미백 치료의 목적으로 사용되어 왔다. 레티노이드는 화장품 성분이 아닌 의약품 성분인데, 비타민 A 유도체의 일종으로 자외선에 의한 광노화의 회복에 도움이 되기 때문에 자극이 많지만 피부과에서 치료 목적으로 널리 사용되어 왔다. 레티놀은 레티노이드보다는 생물학적 활성도가 많이 낮지만 자극이 적다.

+ 성장인자 단백질 (Growth Factors)

세포 성장인자에는 다양한 종류들이 있다. 1986년 노벨 의학상을 받은 물질인 '표피세포 성장인자'를 비롯하여 각질형성세포 성장인자, 신경세포 성장인자, 인슐린 유사 성장인자, 간세포 성장인자, 내피세포 성장인자 등 많은 성장인자 단백질들이 세포의 활성화 혹은 비활성화에 관여하고 있다.

피부에는 몇 가지 중요한 성분들이 있는데, 그중 대표적인 성분이 표피세포 성장인자다. 표피세포 성장인자는 여러 상피세포에서 만들어지며 피부에서는 각질형성세포에서 만들어져서 피부의 분화, 증식, 상처 회복에 관여한다. 특히 콜라겐 합성을 촉진시키는 작용을 하기 때문에 주름 기능성 화장품의 성분으로 활용되고 있다.

표피세포 성장인자 외에도 형질전환 성장인자, 섬유아세포 성장인자 등 여러 종류의 성장인자들이 피부치료제나 화장품의 원료로 사용되고 있다. 이들 성장인자 단백질들은 기존의 화학성분들보다 피부세포에 대해서 생물학적 활성도가 더 높으며 직접적으로 목표 세포에 작용하기 때문에 효과를 예측할 수 있다는 장점이 있다.

+ 펩타이드 (Peptides)

펩타이드는 2개 이상의 아미노산이 결합된 형태로 단백질을 구성하는 단위다. 화장품에서 사용되는 펩타이드는 몇 가지 카테고리가 있는데, 여기서는 '성장인자 유사 펩타이드'를 주로 이야기하겠다.

앞서 언급한 EGF를 비롯한 성장인자 단백질들은 효과는 뛰어나지만 가격이 비싸다는 단점이 있다. 최근에는 이를 극복하기 위하여 성장인자 단백질의 유효 성분만을 분리한 펩타이드 성분들이 개발되고 있다. 이를 '성장인자 유사 펩타이드'라고 하며, 성장인자와 비슷한 효과를 가지면서 분자량이 작고 상대적으로 가격이 낮은 장점이 있다.

이들 성장인자 단백질 혹은 성장인자 유사 펩타이드는 기존의 화학 성분의 안티에이징 성분들에 비해서 생물학적 활성도가 훨씬 높기 때문에 화장품을 공부하는 피부과 의사로서 이 방면을 더 개발하는 것이 향후 기능성 화장품이 가야 할 방향이 아닌가 생각된다.

Skin Mentor's Message

◆

바이오과학과 피부과학의 발달로 세포의 재생을 도와주는 많은 물질들이 속속 등장하고 있다. 이러한 물질들이 화장품에 응용되면서 코스메슈티컬 제품의 성능이 지속적으로 향상될 것으로 예견된다.

줄기세포 화장품에는 줄기세포가 없다?

2000년대 초반 황우석 박사로부터 촉발된 '줄기세포 붐' 이후로 여러 화장품 회사에서 값비싼 줄기세포 화장품을 앞다퉈 선보인 적이 있다. 그런데 과연 화장품 안에 줄기세포가 들어 있을까? 사실은 아니다. '줄기세포 화장품'이라는 표현은 한마디로 난센스이고 자칫 사기일 수 있는 일이다. 왜냐하면 줄기세포는 애당초 화장품에는 들어갈 수 없는 성분이기 때문이다.

그렇다면 어떻게 줄기세포 화장품이라는 표현을 쓴 걸까? 실상은 줄기세포가 들어 있는 것이 아니라, 줄기세포를 배양한 '배양액'을 정제해서 얻어 낸 물질을 화장품에 첨가한 것이다. 줄기세포가 분비한 물질들은 세포의 생물학적 활성도를 높이는 성분이 대부분이기 때문이다. 그런데 그 성분들을 살펴보면 대체로 성장인자 단백질들과 각종 사이토카인이다. 이러한 물질들을 화장품에 첨가해서 만든 것이므로 '줄기세포 화장품'이 아니라 '줄기세포 배양액 첨가 화장품'이라고 해야 정확한 표현이고, 오해가 없을 것이다.

12

안티에이징 제품
사용 설명서

+ 주름 기능성 화장품, 언제부터 사용해야 할까?

식약처에서 인증한 주름 개선 성분 '아데노신'은 피부 단백질 합성에 도움을 주어 노화 예방에 효과적이므로 보편적으로 많이 사용하고 있다. 또한 레티놀이라는 성분도 주름 개선에 탁월하지만 빛에 약하여 다양한 형태로 변화하여 화장품에 많이 사용되고 있다.

하지만 바이오산업이 발전함에 따라 아데노신, 레티놀 등 식약처 고시 성분 외에도 많은 비고시 성분들의 주름 개선 효과에 대한 보고가 지속적으로 올라오고 있다.

주름 기능성 화장품을 사용하는 시기는 딱히 정해져 있지 않지만 피부과학적으로 노화가 시작되는 시기는 20대 중반이다. 그 나이가 되면 조금씩 웃을 때 피부가 땅긴다든지 눈가에 주름이 잡힌다든지, 거울 가까이 얼굴을 들여다보니 잡티가 생겼다든지 새삼 자신의 피부의 변화를 발견하고는 놀란다.

그러다가 30대에 들어서면 본격적인 노화의 증상들이 피부 곳곳에서 들어난다. 다만 또래보다 어려 보이는 '동안'의 비결은 피부에 대한 관심과 정성이 아닐까 한다. 무엇보다 자외선 차단제만 잘 사용해도 피부는 덜 늙는다는 것을 잊지 말자.

＋함께 사용하면 좋은 화장품들

각질 관리를 위해 필링제를 사용한 후에도 반드시 보습제를 사용하라. 비타민 C와 미백 제품도 함께 사용하면 좋다. 미백 제품의 주성분으로 사용되는 알부틴 성분은 약산성에서 더 활성화된다. 비타민 C는 자체가 산성을 띨 뿐 아니라 멜라닌 세포에서 색소 형성을 억제해 주는 미백 작용도 있기 때문에 함께 사용하면 상승 효과를 얻을 수 있다.

여드름 화장품은 자칫 피부를 건조하게 만들 수 있기 때문에 세라마이드나 콜레스테롤 등이 배합된 '생리적 지질 혼합물로 만들어진 보습제'를 사용하는 것이 좋다.

+ 함께 사용하는 것을 권장하지 않는 화장품들

여드름 전용 화장품 사용 후 유분감이 많은 보습제, 특히 면포 형성을 촉진하는 성분이 들어 있는 화장품을 조심해야 한다. 모공 입구나 안에 있는 피지 성분과 엉겨 붙어 모공을 막고 여드름을 악화시키기 때문이다.

AHA 제품과 비타민 C. 이들 제품은 모두 산성도가 높아 기본적으로 자극을 유발하기 쉽다. 레티놀도 자극 성분이다 보니 위의 제품들과 함께 사용하면 자극성 피부염과 같은 피부 트러블을 일으킬 수 있다.

로션 후에 바르는 비타민 C는 효과 없는 '허당'이다. 원래 비타민 C는 물에는 잘 녹고 유분과는 섞이지 않는 '수용성 비타민'이다. 따라서 유분 제형의 로션을 바르고 비타민 C를 바르면 겉돌기만 할 뿐 피부에 흡수되지 않는다. 게다가 피부는 피지막으로 덮여 있기 때문에 수용성 제품은 피부에 흡수되는 것 자체가 어려운 태생적인 한계가 있다. 그래서 일부 회사에서는 비타민 C 제품을 만들 때 비타민 C 입자를 지용성 캡슐에 싸서 만들기도 하고, 피부과에서는 수용성 비타민 C에 전기적으로 음극(-)을 띠게 한 후에 이온 영동법으로 강제 침투시키는 것이다.

이 밖에 밤에 사용을 권하는 제품들이 있다. 자외선에 약한 제품들인데, 레티놀, 비타민 C와 같은 제품들이다. 물론 요즘에는 많이 안정화되었지만 이들 성분은 자외선에 의해서 산화되기 쉬우므로 아침에 바르는 것보다는 저녁에 바르는 것이 좋다.

13

안전한 화장품
사용을 위하여

＋자연주의 화장품, 천연 화장품,
유기농 화장품의 함정

　자연주의 화장품이 유행처럼 번진 적이 있다. 자연주의, 깨끗하고
순수한 자연으로 돌아가고 싶은 인간의 본성을 자극하기에 이처럼 좋
은 단어가 또 있을까. 그러나 과연 자연이라고 해서 깨끗하고, 보다 안
전한 걸까?

　피부과 의사의 관점에서 볼 때는 불안하기 짝이 없다. 게다가 자연
주의를 표방하는 제품들이 자연 그대로만을 사용하지 않고, 그럴 수
도 없다는 것은 화장품을 만드는 사람의 상식으로는 당연히 알 수 있
기 때문이다. 그저 근거 없는 '마케팅'의 하나일 뿐이건만 소비자들의

감성에 호소하기에는 참 좋은 단어다.

많은 기업들이 자연주의 화장품이라고 내세우지만 그들 역시 방부제, 색소, 계면활성제 등 화학 성분들이 함께 포함되어 있다는 사실. 오히려 저가 제품일수록 값싼 원료를 사용할 수밖에 없다는 불편한 진실을 알아야 한다.

홈 메이드 천연 화장품, 안전할까?

그렇다면 집에서 직접 만들어 사용하는 '홈 메이드 천연 화장품'이라면 더 안전할까? "Yes"를 원하는 독자들이 많겠지만 불행히도 그렇지 않다. 나는 20여 년간 진료실에서 온갖 민간요법의 부작용으로 피부과를 찾는 사람들을 많이 보아 왔다.

레몬즙을 얼굴에 발랐다가 화학화상을 입고 온 사람, 여드름을 치료한다고 이름 모를 약초를 바르고 햇볕에 나갔다가 약초와 햇볕의 광화학 작용으로 알레르기가 심하게 일어나 얼굴에 물집이 잡힌 사람, 심지어는 진정 작용이 있는 것으로 알려진 알로에를 갈아서 팩을 했다가 알레르기성 접촉성 피부염으로 고생한 사람 등…. 소위 말하는 민간요법 혹은 천연 화장품의 부작용들은 우리가 생각하는 것보다 빈번하고 심각할 수 있다.

이 같은 일은 선진국인 미국에서도 흔하다. 미국 감염성 피부염 학술지에 발표된 논문에도 녹차, 국화 성분 화장품으로 인해 피부염이 유발된 사례 등이 실린 논문들이 수시로 보고되고 있다. 순수 천연 성분이 더 훌륭하다는 연구 결과는 어디에도 없다. 국제 피부연구학회지나 미국 FDA의 보고서를 보아도 독성, 발암성, 혹은 자극성이 있는 것으로 밝혀진 천연 성분들이 속속 보고되고 있다.

천연 화장품 회사들이 들으면 실망하겠지만, 실제 화장품에 식물 성분이 첨가되기 위해서는 불가피하게 여러 화학 과정들을 거치면서 다른 성분과 섞이게 되는데, 이 과정에서 원래 있던 천연의 성질을 잃는 경우가 대부분이라는 것이다.

인터넷의 발달로 천연 화장품 제조에 관한 정보가 넘쳐나고 있지만, 검증되지 않은 것들이 대부분이다. 조심해야 한다. 자칫 섣부르게 시도하다가 내 피부를 망칠 수 있다.

화장품 속 방부제의 진실

이야기가 나온 김에 방부제에 대해서도 한마디 해야겠다. 천연 화장품은 방부제를 사용하지 않기 때문에 안전하다고 말하는 사람들이 있지만, 그 역시 큰 착각이다. 오히려 방부제가 나쁘기만 한 것이라는 선입견이야말로 잘못된 것이다. 화장품에 있어서 방부제는 필요한 존재다. 다만, 화장품에 사용되는 방부제의 종류에 따라서 일부 성분이 유해할 수 있다는 논쟁이 있지만, 그 유해성에 대해서 의학적으로 확정된 물질은 거의 없다.

피부과 의사로서 단언컨대 '방부제가 들어 있지 않은 천연 화장품이 오히려 더 위험'하다. 이유는 간단하다. 쉽게 변질되고 부패하기 때문이다. 부패한 화장품은 세균 감염이나 알레르기의 원인이 된다. 집에서 화장품을 만든다고 가정해 보자. 제조 과정에서 용기나 내용물에 대한 멸균 처리가 쉽지 않을 것이고 제조 후에도 항균 상태 유지가 어려울 것이다. 미국 FDA의 화장품 국장인 린다 카츠는 "천연, 유기농 화장품은 화학 원료로 만들어진 제품보다 미생물 오염과 번식이 오히려 더 잘 일어날 수 있다."고 말한 바 있다.

+ 안전한 화장품 사용을 위한 수칙, 나만의 Opened Date를 기록하자

화장품은 유통기한이 보통 2년 정도다. 방부제가 들어 있기 때문에 그 정도 유지되는 것이다. 평소 내 화장품은 어떻게 보관해야 할까? 먼저 온도가 높고 습할수록 변질되고 부패하기 쉽기 때문에 서늘하고 건조한 곳에 보관하는 것이 좋다.

그렇다면, 작년 여름에 개봉하고 몇 달 사용하다가 1년 만에 다시 꺼내서 사용해도 괜찮은 걸까? 안심할 수 없다. 유통기한이란 개봉하지 않은 상태에서 안전한 기간을 표기한 것이기 때문이다. 화장품의 성분이나 제형에 따라 다르지만 개봉한 후에는 유통기한이 훨씬 짧아진다는 사실을 알아야 한다.

예를 들어, 손가락으로 떠서 바르는 제품은 균에 오염되기 쉽기 때문에 개봉 후에 되도록 빨리 사용하는 것이 좋다. 가급적 손가락보다는 스패츌러에 덜어 사용하고 6~12개월 내에 모두 사용해야 한다.

비타민 C 제품은 특히나 개봉 후 유통기한이 짧다. 이유는 공기와 일단 접촉하고 나면 산화가 일어나기 때문이다. 비타민 C는 산화되고 나면 피부에 독성을 띨 수 있으니 주의해야 한다.

단백질이나 펩타이드가 함유된 제품들은 온도에 민감하다. 여름철 햇볕에 오래 두면 변질되기 쉽고 변질된 제품은 효능·효과를 상실할 뿐 아니라 알레르기의 원인 물질로 작용할 수도 있다. 이러한 제품은 개봉 후 6~12개월 이내에 모두 사용하는 것이 좋다.

이러한 유통기한의 허점을 극복하기 위해서는 나만의 'Opened Date(개봉일)'를 기록해 두는 것이 좋다. 내 피부를 지키면서 원하는 효과를 얻고 싶다면 말이다. 화장품마다 'Opened Date'를 기록하는 것은 오래된 제품을 사용하면서 느끼는 찜찜함으로부터 해방될 수 있는 비법이다.

＋이상한 단어 '명현 현상'

화장품 트러블로 피부과를 찾는 사람들이 자주 말하는 것이 명현 현상이다. 화장품 부작용이 생겼을 때 해당 업체에서 주로 핑계를 대는 단어인데, 이처럼 엉터리 핑계가 없다. 그동안 쌓여 있던 독소가 피부로 빠져나가는 현상이니 한 달 정도 지나면 피부가 오히려 좋아질 테니 기다리라고 한다. 그러나 그냥 그 말을 믿고 기다리다간 피부는 망가질 대로 망가져 버릴 뿐이다.

피부의 독소가 빠져나간다고? 도대체 어디에 있던 어떤 독소가 무슨 작용을 통해 빠져나간단 말인가. 명현 현상이란 건 피부과학적으로 엉터리 거짓말일 뿐이다. 소비자를 우롱하는 그런 단어는 제발 더 이상은 쓰지 않았으면 좋겠다.

✛ 정체불명의 위험한 화장품들

가장 대표적인 것이 스테로이드를 섞은 제품이다. 화장품에 강력한 의약품인 스테로이드를 섞다니, 상식적으로 이해하기 어렵지만 실제로 그런 일들이 종종 뉴스에 나고 있지 않은가. 몇 년 전, 홈쇼핑에서 기적의 힐링 크림이라며 수만 개가 팔린 제품이나 모 한의원에서 아토피에 효과가 좋다고 만들어서 팔다가 단속된 천연 한방 화장품에도 스테로이드가 대량 검출되어 사회적으로 물의를 일으킨 적이 있다. 심지어 국내 유명 제약회사에서 제조한 상품에서도 스테로이드 성분이 검출되어 12개월 제조·판매 정지 조치를 받은 바 있다.

왜 이런 제품들이 끊이지 않고 만들어지고, 문제가 반복되는 걸까. 그것은 스테로이드 성분의 즉각적인 항염 효과 때문이다. 바르면 곧바로 염증이 가라앉고 피부가 부들부들해지니 말이다. 그러나 스테로이드는 화장품으로 사용할 수 없는 의약 성분인 데다가 즉각적으로는 항염 효과가 뛰어나지만 오래 사용하면 피부에 돌이킬 수 없을 정도의 부작용을 초래한다는 것을 알아야 한다.

스테로이드 다음으로 문제를 자주 일으키는 것이 수은 화장품이다. 수은은 미백 효과가 뛰어나지만 피부를 통해 흡수되어 콩팥에 쌓이는 중금속이다. 수은 중독이 되면 신경 독성이 있을 뿐 아니라 콩팥의 기능이 망가져 종국엔 신장이식이 아니면 고칠 수 없는 신부전증에 빠지게 되는 무서운 성분이다.

좀 더 하얀 피부를 갖겠다고 건강을 망칠 수는 없지 않은가. 물론 수은이 함유되어 있는 사실을 알고 사용하는 사람은 없을 것이다. 문제는 양심 불량의 업자들이다. 뉴스에 나온 제품들은 대부분 중국산이나 필리핀산이었지만 미국산 유명 브랜드의 립밤에서도 검출되었다고 하니, 소비자가 스스로 현명해지지 않으면 안 된다.

SKIN
MENTORING

처음엔 대단할 것 없는 사소한 증상도 계속 누적되면 발생 범위도 늘어나 피부 상태는 갈수록 더 악화되고, 회복 기간도 길어진다. 피부가 당신에게 보내는 메시지에 귀를 기울여 보자.

피부 SOS,
피부가 보내는
경고 메시지

01

피부 고민, 감추지만 말고
관심을 기울이자

　내 진료실에는 여러 가지 피부 고민으로 콤플렉스에 시달리고 심리적으로 위축된 환자들이 많이 오간다. 울긋불긋하게 올라온 여드름, 건조하고 갈라지는 아토피 피부염, 화장품 때문에 생긴 알레르기 등등. 이러한 피부 고민을 해결해 주는 것이야말로 피부과 의사의 사명이요, 일상이다.

　그리고 단지 눈에 보이는 증상만을 치료하는 것이 아니라 왜 이런 문제가 발생했는지 자세하고 친절하게 설명해 주는 것도 피부과 의사의 역할이라고 생각한다. 그런 면에서 피부과 의사는 피부 고민을 해결해 주는 해결사여야 하고, 동시에 건강한 피부를 지킬 수 있도록 도와주는 피부 멘토가 되어야 한다.

"도대체 왜 이런 증상들이 피부에 나타나는 걸까?"

원인은 다양하다. 이유야 어찌 됐든지 한 가지 명심해야 할 사실은 이러한 증상이 나타났다는 것은 피부가 나에게 SOS 신호를 보내고 있다는 것. 가벼이 그냥 지나쳐서는 안 된다. 초기에 적극적으로 대처하는 것이야말로 내 소중한 피부를 지키는 가장 현명한 일이다.

처음엔 대단할 것 없는 사소한 증상도 계속 누적되면 발생 범위도 늘어나고 회복 기간도 길어진다. 그러니 사소해 보일지라도 평소와 달리 피부에 변화가 나타난다면 관심을 갖고 살펴보기 바란다.

'긁어 부스럼'

예로부터 '긁어 부스럼'이라는 말이 있다. 이보다 피부병에 대한 속성을 잘 표현한 말이 없는 것 같다. 가렵다고 긁기 시작하면 악순환의 고리로 들어가 피부 상태는 갈수록 더 악화되기 때문이다.

피부가 당신에게 보내는 메시지에 귀를 기울이자. 그리하면 밤마다 가려움에 시달리는 괴로움에서 벗어날 수 있을 것이다.

02

사춘기에 꽃피고 지지 않는 피부 트러블

"넌 애도 아닌데 왜 여드름이 나냐?"
'그러게, 난 왜 20대인데 아직도 여드름이 나지?'

여드름을 그저 청소년기의 상징으로만 여겼던 시절이 있었다. 그래서 20대에 들어서서 여드름이 나면, 넌 애도 아닌데 왜 여드름이 나냐는 소리를 듣기도 했다. 그런 말을 들으면 '그러게, 난 왜 20대인데 아직도 여드름이 나지?' 하는 생각이 들면서 억울한 마음까지도 들었을지 모르지만, 여드름은 청소년에게는 물론 성인에게도 매우 빈번하게 발생하는 질환이다. 피부과를 찾는 여드름 환자의 80% 정도는 성인이다(요즘 학생들은 너무 바빠서 병원에 올 시간조차 없어서일 수도 있다).

성인에게서 여드름이 발생하는 가장 큰 원인은 스트레스다. 각종

스트레스와 서구화된 식습관, 음주, 메이크업 등 다양한 이유 때문에 성인 여드름으로 몸살을 앓는 사람들이 많아졌다. 심지어 청소년기에는 여드름 없는 말끔한 피부였는데 20대 들어서 갑작스레 여드름이 생기는 사람도 있다.

피부과 의사로서 가장 안타까운 것은 여드름이 지나가고 난 얼굴에 여드름 흉터와 함께 모공이 넓어진 상태로 나를 찾아오는 경우다. 흉터는 본인이 만드는 경우가 대부분이기 때문에 더욱 안타깝다. 대부분의 여드름 흉터는 불결한 손이나 도구로 여드름을 짜다가 생기는 것이다. 따라서 여드름이 생기지 않도록 평소에 관리를 잘하는 것이 가장 좋고, 여드름이 생긴 후에는 염증이 심해져 흉터가 남을 수도 있으니 치료를 받는 것이 좋다.

여드름이 있는 분들에게 다시 한번 강조하고 당부하고 싶은 것은 절대 불결한 손으로 여드름을 만지지 말라는 것이다. 한번 남은 흉터나 넓어진 모공은 저절로 좋아지지 않고 평생 지속된다는 사실을 명심하기 바란다.

+ 성인 여드름은 왜 생기는 걸까?

여드름은 모낭 안의 피지선에서 발생하는 염증이다. 우리 얼굴엔 수많은 솜털이 있는데, 그 솜털이 나는 모낭 안에는 피지를 만드는 '피지선'이라는 샘이 있다. 피지선에서 만들어진 피지는 모공으로 배출되며, 피지가 원활하게 배출되지 않으면 트러블이 발생한다.

여드름을 피부병리학적으로 관찰해 보면 크게 3가지 변화가 관찰된다. 첫째는 모공 입구가 각질 플러그로 막히고, 둘째는 피지선이 커지며, 셋째는 피지선 안에 여드름 균의 증식이 관찰된다. 이러한 변화는 남성호르몬인 안드로겐의 지대한 영향을 받는다(그래서 사춘기 때 여드름이 잘 생기는 것이다).

:: 여드름의 발생 단계 ::

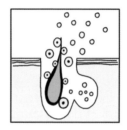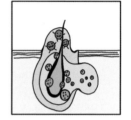

남성호르몬은 피지선을 크게 만들고, 커진 피지선에서 분비된 과도한 피지는 모공 입구의 pH와 칼슘이온의 농도 변화를 유발한다. 이러한 변화로 인해 모공 입구의 각질에서 비정상적인 과각화증이 초래되고 결국 '각질 플러그'가 모공을 막게 되는 것이다.

모공이 막히면 피지는 더 정체되고, 피지를 먹고 사는 여드름 균은 제 세상을 만난 것이나 다름없기 때문에 왕성하게 증식하게 된다. 원래 피지는 중성지방 성분이 주된 성분인데, 여드름 균은 이걸 먹고 '유리 지방산'을 배설한다. 이 유리 지방산이 주된 염증 유발 물질로 작용한다. 그래서 처음엔 하얗던 백여드름이 시간이 지나면서 빨갛게 변하는 것이다.

남성호르몬은 스트레스를 받을 때도 분비가 증가하기 때문에 스트레스가 여드름의 주된 악화 요인으로 작용하는 것이다. 여성의 경우에는 생리 전후로 프로게스테론이라는 호르몬의 증가로 피지선이 자극을 받아 여드름이 발생하거나 악화되기 쉽다. 불규칙적인 생활 습관도 호르몬 균형을 깨뜨리기 때문에 여드름의 발생 요인으로 작용한다.

지성 피부가 여드름이 잘 생기는 이유는 피지량이 많고, 과도한 피지가 모공 입구의 피부장벽 성분인 리놀산을 희석시켜 모공 입구에 각질 플러그를 형성하게 해서 모공이 쉽게 막히기 때문이다. 하지만 건성 피부라고 여드름이 안 생기는 것은 아니니 안심해서는 안 된다.

✛ 여드름을 유발하는 화장품 성분들(Comedogenic Ingredients)

아래 성분표에서 보는 것처럼 여드름을 유발할 수 있는 성분들은 매우 많다. 각 성분의 속성에 따라 낮은 농도에서도 쉽게 유발하는 것도 있고, 농도가 높아야 여드름을 유발하는 것도 있다.

여드름 때문에 고민인 사람이라면 화장품을 구입할 때 이 성분표를 활용해 보자. 성분표에 나와 있는 성분명을 꼼꼼히 체크한 후에 화장품을 구입한다면 화장품을 잘못 사용해서 여드름이 발생하는 일은 없을 것이다.

여드름을 일으키는 화장품 성분표

*●의 개수로 여드름 유발 정도를 나타냄(● ● ● High / ● ● Medium)

성 분	Corn Oil ● ● ●
Acetylated Lanolin ● ● ●	Cotton Awws Oil ● ● ●
Acetylated Lanolin Alcohol ● ● ●	Cotton Seed Oil ● ● ●
Algae Extract ● ● ●	Crisco ● ● ●
Algin ● ● ●	D & C Red # 17 ● ● ●
Almond Oil ● ●	D & C Red # 19 ● ●
Apricot Kernel Oil ● ●	D & C Red # 21 ● ● ●
Arachidic Acid ● ●	D & C Red # 3 ● ● ●
Ascorbyl Palmitate ● ●	D & C Red # 30 ● ● ●
Avocado Oil ● ●	D & C Red # 36 ● ● ●
Azulene ● ●	D & C Red # 27 ● ●
Behenic acid ● ●	D & C Red # 40 ● ●
Benzaldehyde ● ●	Decyl Oleate ● ● ●
Benzoic Acid ● ●	Dioctyl Succinate ● ● ●
BHA ● ●	Disodium Monooleamido PEG 2-Sulfosuccinate ● ● ●
Bismuth oxychloride may cause cystic acne ● ● ●	Ethoxylated Lanolin ● ● ●
Butyl Stearate ● ● ●	Ethylhexyl Palmitate ● ● ●
Butylated Hydroxyanisole (BHA) ● ●	Evening Primrose Oil ● ●
Cajeput Oil ● ●	Glyceryl Stearate SE −MUST have SE after the stearate ● ● ●

Camphor ● ●	Glyceryl-3-Disostearate- (MUST have a '3' with it) ● ● ●
Capric Acid ● ●	Grape Seed Oil (extract is OK) ● ●
Caprylic acid ● ●	Hexadecyl Alcohol ● ● ●
Carrageenans ● ● ●	Hexylene Glycol ● ●
Cetearyl Alcohol ● ●	Hydrogenated Vegetable Oil ● ● ●
Cetearyl Alcohol + Ceteareth 20 ● ● ●	Isocetyl Stearate ● ● ●
Cetyl Alcohol ● ●	Isodecyl Oleate ● ● ●
Chamomile ● ●	isoproply linoleate ● ● ●
Coal tar ● ● ●	Isopropyl Isosterate ● ● ●
Cocoa Butter ● ● ●	Isopropyl lanolate ● ● ●
Coconut Butter ● ● ●	Isopropyl Myristate ● ● ●
Coconut Oil ● ● ●	Isopropyl Palmitate ● ● ●
Colloidal Sulfur ● ● ●	isostearic acid ● ● ●
isostearyl acid ● ● ●	Polyglyceryl-3-Disostearate (the '3' must be present) ● ● ●
Isostearyl Isostearate ● ● ●	Potassium Chloride ● ● ●
Isostearyl Neopentanoate ● ● ●	PPG 2 Myristyl Propionate ● ● ●
lanolic acid ● ● ●	Propylene Glycol Monostearate ● ● ●
Laureth 23 ● ● ●	Red Algae ● ● ●
Laureth 4 ● ● ●	Sandalwood Seed Oil ● ●
Lauric Acid ● ● ●	Sesame Oil ● ●
Linseed oil ● ● ●	Shark Liver Oil ● ● ●
Mink Oil ● ● ●	Salt - Table Salt or Sodium Chloride ● ● ●
Myreth 3 myrstate ● ● ●	Sodium Laureth Sulfate ● ● ●
Myristic Acid ● ● ●	Sodium Lauryl Sulfate-leaves a film on skin-clogs pores ● ● ●

Myristyl Lactate ●●●	Solulan 16 ●●●
Myristyl Myristate ●●●	Sorbitan Oleate ●●●
Octyl Palmitate ●●●	Sorbitan Sesquinoleate ●●●
Octyl Stearate ●●●	Soybean Oil ●●●
Octyldodecanol ●●	Steareth 10 ●●●
Oleic Acid ●●●	Steareth 2 ●●
Oleth-10 ●●	Steareth 20 ●●
Oleth-3 ●●●	Stearic Acid ●●
Oleyl Alcohol ●●●	Stearic Acid Tea ●●●
Olive Oil (but Olive Oil Extract is OK) ●●	Stearyl Alcohol ●●
Palmitic Acid ●●	Stearyl Heptanoate ●●●
Peach Kernel Oil ●●	Sulfated Castor Oil ●●●
Peanut Oil ●●	Sulfated Jojoba Oil (Jojoba beads are OK) ●●●
PEG 100 Distearate ●●	Stearyl Heptanoate ●●●
PEG 150 Distearate ●●	Tocopherol (Tocopherol Acetate is OK) ●●
PEG 16 Lanolin ●●●	Triethanolamine ●●
PEG 200 Dilaurate ●●●	Vitamin A Palmitate- (ONLY this form of Vitamin A) ●●
Peg 75 lanolin ●●	Wheat Germ Glyceride ●●●
PEG 8 Stearate ●●●	Wheat Germ Oil ●●●
Pentarythrital Tetra Isostearate ●●	Xylene ●●●
PG Dipelargonate ●●	
PG Dipelargonate ●●	
PG Monostearate ●●●	

03

여드름 피부를 위한 화장법

    화장품 성분 때문에 여드름이 유발되는 경우도 있지만, 실제로는 화장법에 문제가 있어 여드름이 생기는 경우가 더 많다. 여드름 피부를 위한 화장법. 이것이야말로 여드름 때문에 고민하는 모든 여성이 바라는 바가 아닐까 생각한다.

    흔히 수능 수석을 한 사람에게 물어보면 "공부에는 왕도가 없다. 열심히 할 뿐이다."라고 하는데 여드름 케어에 있어서만큼은 이런 류의 답은 틀린 말이다. 분명 비결은 있다.

    비결을 밝히기에 앞서 먼저 분명히 해 둘 것이 있다. '그 어떤 홈 케어도 피부과에서 치료를 받는 것보다 효과적이지는 않다'는 것이다. 하지만 그렇다고 매일 피부과에 갈 수는 없지 않은가. 피부과 치료를 받지 않는 동안 일상생활에서 여드름 케어에 도움이 되는 화장품과 화장법을 알고 사용하는 것이 더욱 현명한 자세다.

여드름 케어를 위한 5가지 비결

1. 올바른 세안

2. 정기적인 각질 제거

3. 피지 컨트롤 제품 사용하기

4. 살균 성분이 있는 제품 사용하기

5. ph 밸런스 맞추기

＋첫 번째, '올바른 세안법'

주변에서 흔히 여드름이 있는 경우엔 '피지를 확실히 빼야 하기 때문에 비누 세안을 해야 한다.' 혹은 '세안을 자주 해야 한다.' 등 코치를 해 주는 경우가 많은데, 불행히도 그 방법들은 여드름을 악화시킬 뿐이다. 많은 피부과 연구 결과들로 밝혀진 바에 따르면, 잦은 세안이 오히려 피지선을 자극해서 여드름을 악화시킨다.

세안은 하루 2~3번 정도가 적당하다. 2차 감염을 일으키는 병원균들(포도상구균, 연쇄상구균)은 피부의 pH가 약산성일 때는 피부에 존재하는 정상적인 유익한 균에 의해서 증식이 억제되는데, 비누 세안의 경우는 피부의 pH를 알칼리로 만들기 때문에 2차 감염을 유발해서 여드름을 악화시키는 원인이 된다.

가급적 순한 클렌징 폼을 사용하여 세안을 하라. 모공 입구에 남을 수 있는 메이크업 찌꺼기들을 확실하게 제거하는 것이 좋다. 화장을 두껍게 했다면 이중 세안이 필요하다.

＋두 번째, '정기적인 각질 제거'

여드름은 모공 입구에 각질 플러그가 모공을 막고 있는 상태다. 모공이 막히면 피지 분비가 안 되고 저류되면서 균의 번식이 왕성해진다. 그렇다면 1차적으로 막힌 모공을 열어 줘야 하는데, 각질 제거가 그 해결책의 하나다. 피부과에서 피부 스케일링을 하면 여드름이 신속하게 좋아지는 것도 막힌 모공을 열어 주기 때문이다.

스크럽 제품을 사용할 때는 자극이 없고 순한 고마쥐 타입을 사용하는 것이 좋고, AHA나 BHA 성분의 필링젤도 도움이 된다. 클레이 성분이 들어 있는 필링 제품은 피지를 줄여 주는 효과가 있어 지성 피부에 도움이 된다.

＋세 번째, '피지 컨트롤'

여드름을 한마디로 줄여 표현하면 '피지선에서 발생한 모낭염'이다. 과도한 피지 분비나 피지 배출의 정체는 여드름을 유발하는 요인이 된다. 게다가 여드름 균은 피지를 먹어야 번식한다. 극단적으로 피지가 없으면 여드름은 생기지 않는다. 피부과에서 광역동치료나 고바야시 미세절연침 시술로 피지선을 파괴해서 여드름을 치료하는 이유가 그 것이다.

이러한 원리를 집에서 그대로 활용해 '홈 케어 피지 컨트롤'을 하는 것이 중요하다. 평소 스킨케어 제품을 사용할 때나 필링 제품을 사용할 때 5-α 환원효소 저해제와 같이 피지를 컨트롤해 주는 성분이 함유된 제품을 사용하면 여드름 관리에 도움이 된다.

＋네 번째, '살균 성분이 있는 제품 사용하기'

화장품 성분 중에 여드름 균을 억제하는 대표적인 성분이 티트 리 오일이다. 의약품 성분인 벤조일퍼옥사이드나 레티노이드에 비해 살균력은 약하지만 자극이 거의 없어 매일 사용해도 부담이 없다.

+마지막, '피부의 pH 밸런스 맞추기'

피부는 약산성(pH 4.5~5.5)일 때 건강하다. 세안제를 사용해서 세안을 하고 나면 대부분 피부의 pH가 알칼리성으로 변한다. 따라서 세안 직후에 약산성 토너나 스킨을 사용해 pH 밸런스를 약산성으로 돌려놓아야 한다.

Skin Mentor's Message

◆

여드름 피부를 망치는 가장 큰 원인은 바로 '나 자신'인 경우가 많다. 손으로 잡아 뜯고 억지로 짜내다가 2차 감염을 일으키고 상처를 주기 때문이다. 흉터는 대부분 그런 자리에 남는다.

여드름 집에서 짜도 되나요?

결론부터 말하자면, 여드름은 짜서 염증성 피지를 빼는 것이 좋다. 여드름 환부를 압출해 제거하고 여드름 균이 더 이상 서식하지 못하도록 살균 성분이 있는 제품을 이용하면 여드름을 효과적으로 제거하고 피부를 진정시킬 수 있다.

그러나 가정에서 여드름을 짜다 보면 위생적으로 관리되지 않은 손으로 짜다가 모공벽을 손상시켜 염증을 악화시키거나 세균 등을 여드름 안으로 침투시켜 염증 부위를 더 크게 만들 수 있으므로 함부로 손으로 짜서는 안 된다.

여드름 압출은 가급적이면 피부과를 찾아 염증 정도에 따라 위생적인 환경에서 치료하는 것이 좋고, 만약 가볍게 압출해 낼 수 있는 것이라면 소독된 압출기를 이용해 눌러서 짜는 것이 가능하다. 이때 절대 힘줘 세게 누르지 말고, 염증 부위가 크거나 눌러서 쉽게 나오지 않는 여드름이라면 피부과를 방문해 전문적인 치료를 받는 것이 좋다.

특히 여드름은 제때 치료하지 못하는 경우 그로 인한 흉터 및 붉은 자국들이 많이 발생하고, 심한 경우 피부 표면이 울퉁불퉁해질 정도로 피부가 손상된 경우를 쉽게 볼 수 있다. 여드름 흉터가 생기는 이유는 여드름의 종류에 따라서도 차이가 있지만, 무의식적으로 더러운 손으로 여드름을 만지고 뜯는 버릇으로 인한 경우가 많다. 주변의 정상적인 피부까지 건드려 손상된 피부의 흉터는 치료 기간도 여드름보다 오래 걸려 고생하므로 전문적인 치료를 미리 받는 것이 좋다.

04

소홀하기 쉬운
등과 가슴, 몸드름 케어

등과 가슴은 노출이 많은 부위가 아니라서 평소에는 큰 관심을 갖지 않다가 여름철만 되면 일명 '몸드름'을 치료하기 위해 피부과를 찾는 환자가 급격하게 늘어난다. 평소에 소홀했던 만큼 오랫동안 방치되어 피부색이 변하거나, 여드름이 상당히 진전된 상태로 찾아오는 경우가 많다. 게다가 얼굴에는 여드름 한 알도 없는 고운 피부를 자랑하는데, 등에는 여드름이 득실득실 올라와 고민인 여성들도 많다.

'등드름'은 왜 생기는 걸까? 등과 가슴에 여드름이 나는 원인은 일반적인 여드름 발생 원인과 크게 다르지 않다. 등도 얼굴 피부와 마찬가지로 솜털이 많고 그 안에 피지선이 존재하기 때문에 피지의 배출이 원활하지 않거나 노폐물 등으로 모공이 막히면 여드름이 발생하게 된다.

어떻게 관리할까? 얼굴 여드름과 같이 주 1회 바디 스크럽을 통해 노폐물 제거 및 각질과 함께 피부 위에 쌓인 노폐물을 제거하는 것이 좋다. 더불어 여드름이 심하다면 주 1회 살리실릭산 등을 이용한 스킨 스케일링이나 빛에 반응하는 광감작 물질을 피부에 도포한 후, 광선을 쪼여 여드름 균을 없애는 PDT 시술 또한 증상 개선에 많은 도움을 받을 수 있다.

평소에 샤워를 하는 습관도 중요하다. 헤어 린스의 보습 및 유분기가 몸과 등에 남아 여드름을 유발할 수도 있다. 따라서 린스 후에는 반드시 몸을 깨끗한 물로 한 번 더 씻어 줘야 한다. 평소 얼굴에 투자하는 관심의 10분의 1만큼이라도 몸의 피부에 기울여 보자.

Skin Mentor's Message

◆

등에 염증이 있는 상태에서 선탠을 하면 얼룩덜룩하게 색소 침착이 남을 수 있으니 주의하자. 자외선이 염증이 있는 곳의 색소 형성을 자극하기 때문이다.

05

너무 건조해서 가려운
아토피 피부염

아토피는 라틴어에서 유래한 단어로 '이상한' 혹은 '부적절한'이란 뜻인데 유전적 경향, 피부장벽과 면역학적 이상 등의 다양한 요인에 의해 발생한다. 성인 이전에는 주로 접히는 부위(팔꿈치 안쪽, 무릎 뒤, 목 뒤 등)에 생기지만, 성인이 되면 얼굴에도 나타난다. 건조한 얼굴에 각질이 일어나면서 입술과 눈가가 창백하게 보이는 증상이 나타난다.

아토피 피부염이 난치성 피부 질환이기는 하지만 최근에는 다양한 약물 치료와 더불어 피부장벽 개선을 통해서 얼마든지 관리가 가능한 질환이 되었다. 오히려 섣부른 자가 진단이나 정체불명의 민간요법이 더 위험할 수 있다. 건조하고 조금 가렵다고 해서 다 아토피 피부염은 아니니 자가 진단을 내리고 이상한 민간요법들을 쓰기 전에 먼저 피부과 전문의의 진단을 받아야 한다.

+ 아토피 피부염과 피부장벽의 연관성

아토피 피부염의 대표적인 증상은 접히는 부위의 가려움증을 동반한 피부건조증이 특징이다. 그런데 아토피 피부염을 앓는 사람의 경우, 건조증을 보이는 곳은 물론 건조하지 않은 피부에서도 피부장벽의 이상 소견들이 나타난다는 것이 밝혀졌다.

특히 세라마이드 성분의 감소가 아토피 피부염에 있어서 피부장벽 손상의 가장 중요한 원인으로 지목되고 있다. 또한 pH의 상승도 피부장벽 손상을 촉발하는 요인으로 작용하는데, pH가 높아지면 각질세포간 지질을 만드는 데 관여하는 여러 효소들이 감소하여 피부장벽이 약해지기 때문이다.

또한 세린 프로테아제라는 효소의 활동도 비정상적으로 높아지는데, 그로 인해 각질세포들을 붙여 주고 있는 '각질교소체'가 분해되어 결국엔 각질이 하얗게 들뜨고 일어나는 원인이 된다. 더불어 염증 유발 물질들이 득세하고, 외부 병균을 인식해서 싸우는 피부 저항력은 떨어지게 된다.

이처럼 아토피 피부는 '피부장벽의 총체적 이상'이 초래된 상태라고 할 수 있다. 따라서 아토피 피부염이 있는 경우엔 피부장벽을 보호하고 회복시키기 위해 세심한 노력을 기울여야 한다.

아토피 피부염에서 관찰되는 피부장벽 이상 신호

1. 세라마이드 성분의 감소로 피부 수분 손실 증가

2. ph 상승으로 피부장벽 기능 감소

3. 각질층 효소의 이상으로 각질이 일어남

4. 염증을 일으키는 사이토카인 증가

5. 항균 펩타이드 감소로 피부 저항력이 떨어짐

06

아토피 피부
관리법

✛ 세안, 비누와 세정력 좋은 클렌징 금지!

먼저 세안. 가급적 비누는 사용하지 않는 게 좋다. 얼굴이든 몸이든 마찬가지다. 알칼리 세제에 의해 피부장벽의 훼손이 더 촉발되기 때문이다. 샤워나 목욕도 너무 자주 하지 않는 것이 좋다. 클렌징을 사용할 때는 세정력이 너무 좋은 제품도 피하는 것이 좋다. 가뜩이나 부족한 세라마이드를 더 빼앗길 수 있기 때문이다. 세정력이 약한 약산성 세제가 아토피 피부염에는 가장 좋다.

＋아토피 피부염에 좋은 보습제 성분

두 번째는 보습제. 세안 혹은 샤워 후 '즉시' 보습제를 발라야 하는데, 세라마이드 성분 혹은 생리적 지질 혼합물로 만들어진 보습제를 사용하는 것이 좋다. 예로부터 아토피 피부염에 달맞이꽃 기름을 발라 주면 좋다고 했는데, 세라마이드 성분을 많이 함유하고 있기 때문이다. 피부 건조 증상만 해결돼도 가려움증이 좋아진다.

＋아토피 피부 생활 습관

건조한 환경을 피하라! 건조한 환경에서는 수분 증발이 더 빨리 일어나기 때문에 아토피 피부염이 악화된다. 피부가 건조하지 않도록 충분한 수분을 섭취하는 것도 중요하다. 갈증을 느끼기 전에는 물을 잘 찾지 않는 사람이라면 의식적으로라도 한 시간에 한 번씩 반 컵 또는 한 컵의 물을 마시도록 노력해야 한다. 갈증을 느낄 때는 이미 피부의 수분 손실이 시작된 후이므로 갈증을 느끼기 전에 수분을 보충해 줘야 한다.

또한 알레르기의 원인이 되는 진드기가 서식하기 쉬운 카펫이나 털 제품을 피하고 햇볕에 자주 소독해야 한다.

증상이 심해지기 시작하면 초기에 피부과 치료를 받는 것이 좋다. 자칫 치료 시기를 놓치면 악순환의 고리로 들어가 버리기 때문이다.

피부과에서는 항히스타민제, 스테로이드제제, 면역억제제, 인터페론, 광선 치료 등 전문의가 환자의 상태에 적합한 치료를 선택하여 진행하게 된다.

스테로이드의 전신 및 국소 부작용

전신적 부작용

- 쿠싱 증후군, 고혈당증, 당뇨병, 부신 기능 억제

국소적 부작용

- 피부 위축, 여드름양 발진, 접촉 피부염, 혈관 확장, 모낭염, 절종, 옹종, 2차 세균 감염, 다모증, 구주위 피부염, 주사, 소양증, 눈 합병증(녹·백내장), 반동, 중독 현상 자반, 반상출혈, 위축 선조, 잠행성 진균증, 피부 건조, 작열감, 저색소침착, 농피증

Skin Mentor's Message

◆

스테로이드제제는 아토피 피부염에서 흔히 사용하는 약으로, 잘 쓰면 명약이지만 잘못 쓰면 독이 되는 무서운 성분이다. 증상이 심할 때면 단발적으로 스테로이드제제를 사용해야 하지만, 장기적으로 사용하면 피부뿐 아니라 전신적인 부작용이 나타날 수 있기 때문에 의사의 진단과 처방에 따라 사용해야 한다.

알레르기? 단순 자극?
접촉 피부염

아토피 피부염보다 더 광범위하고 일반적인 피부 문제를 들자면 접촉 피부염이다. 일반적으로 화장품 부작용으로 피부과를 찾는 경우는 접촉 피부염인 경우가 대부분이다.

접촉 피부염은 말 그대로 무언가가 피부에 닿아서 생긴 피부염이다. 크게 2가지 종류가 있는데, 첫째는 '자극성 접촉 피부염'이고 두 번째는 '알레르기성 접촉 피부염'이다. 이 2가지 외에도 광독성 및 광알레르기성 접촉 피부염과 접촉 두드러기도 있지만, 발병되는 경우가 드물고 내용도 복잡하니 이 책에서는 다루지 않겠다.

[Tip]

- 접촉 후 즉시 증상이 나타났다면?

  알레르기가 아님. 자극성 접촉 피부염

- 화장품을 바꾼 지 이틀 후에 가려워졌다면?

  알레르기성 접촉 피부염

+ 알레르기? 아니면 단순 자극?

알레르기든 자극성 접촉 피부염이든 증상은 가려움증이다. 그런데 몇 가지 차이만 알면 이 둘을 쉽게 구분할 수 있다.

알레르기란 원인이 되는 유발 물질(항원이라고 함)에 노출되고 피부 면역시스템에 '알레르기 유발 물질'이라고 등록된 다음부터 증상이 나타난다. 즉, 처음 접촉했을 때부터 증상이 나타나는 것은 아니라는 것이다. 그리고 두 번째 이후 증상이 나타날 때도 반드시 '48시간'이 지나서 나타난다. 다시 말해서 피부에 닿자마자 증상이 나타난다면 과도한 자극에 의한 '자극성 접촉 피부염'이지 '알레르기성 접촉 피부염'이 아니다. '알레르기성 접촉 피부염'은 또 다른 특징이 있다. 한번 나한테 맞지 않으면 평생 간다는 것과 모든 사람에게서 부작용이 나타나는 것은 아니라는 것이다.

반대로 '자극성 접촉 피부염'은 면역 시스템에 등록되는 게 아니기 때문에 평생 나를 쫓아다니지는 않는다. 그러나 알레르기는 면역 시스템에 한번 등록되면 계속 피부가 기억하고 반응하기 때문에 평생 나를 쫓아다닌다. 그리고 알레르기는 모든 사람에게 일어나는 게 아니라 그 항원에 등록된 사람에게서만 증상이 나타난다.

"남들은 다 괜찮은데, 이 제품은 나랑 안 맞아."

이렇게 느껴진다면 그 화장품 안의 특정한 성분이 알레르기 유발 물질, 즉 항원으로 등록되어 있을 확률이 높다. 화장품에 의해 발생하는 피부염은 바른지 몇 분 이내에 따가움을 느끼는 자극성 접촉 피부염도 있고, 이틀 후 나타나는 알레르기성 접촉 피부염도 있는 것이다.

알레르기를 유발하는 화장품의 성분

알레르기를 유발하는 항원이 될 수 있는 화장품의 주요 성분은 방부제, 향료, 색소다.

흔히 문제가 되고 있는 대표적인 향료로는 시나믹 알코올, 시나믹 알데히드, 하이드록시시트로넬랄, 게라니올, 이소유게놀, 페루발삼 등이 있다. 향료는 분자구조가 비슷해 서로 교차 반응을 일으키기 쉬우므로 향료 알레르기가 증명되면 이들이 들어 있지 않은 화장품으로 바꿔야 한다. 화장품의 기본 성분이 되는 기제로 사용되는 성분 중에는 라놀린, 올 알코올, 프로필렌글리콜도 드물지만 항원으로 작용할 수 있다.

접촉 피부염은 다양한 자극들에 의해 유발되지만, 일단 발생한 부위가 가려워서 계속해서 긁다가는 피부장벽이 손상되어 악순환의 고리로 들어갈 수 있다. 따라서 간지럽더라도 긁으면 안 된다. 알레르기가 의심된다면 사용하던 화장품을 들고 피부과를 방문하라. 첩포 검사를 하면 원인 물질을 찾아낼 수 있다.

화장품 성분 자체가 알레르기는 아니지만 원래부터 자극이 있는 경우도 있다. 예를 들어 산성을 띠는 제품들인데 필링제로 사용되는 AHA, BHA 제품이나 레티놀, 고농도의 비타민 C 등이다. 이들은 초기 사용 시 자극 증상 때문에 알레르기로 오인되는 경우가 많다. 그런 경우엔 농도를 낮추고 매일 사용하던 것을 3~4일에 1회 정도로 띄엄띄엄 사용하다 보면 피부가 적응하면서 자극을 느끼지 못하게 되는 경우가 많다. 그러나 기미가 있다면 자극성 물질에 의해 색소침착이 더 심해질 수 있으므로 주의해야 한다.

SKIN
MENTORING

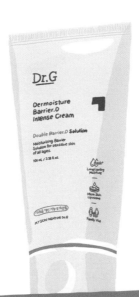

피부 속설과 궁금증

입에서 입으로 전해져 오는 근거 없는 피부 속설도 만연해 있다. '예뻐진다', '피부가 좋아진다'는 말에 혹해서 아무 의심 없이 해 오던 피부를 망치는 습관들, 바로 고쳐야 할 피부 속설에 대해 명쾌한 답을 제시한다.

01

여드름 피부는 세안을
자주 할수록 청결해지니까 좋다?

여드름은 피지가 많은 지성 피부에 잘 생긴다. 물론 건성 피부 혹은 아토피 피부에도 여드름은 생기지만 지성 피부에 더 생기기 쉽다. 과도한 피지 때문에 모공이 막히기 쉬운 까닭이다. 그러다 보니 자주 세안을 해야 한다고 생각하는 사람들이 많다. 그것도 피부가 뻑뻑해질 정도로 세정력이 높은 세안제를 사용할수록 좋다고 생각하는데, 사실은 그렇지 않다. 피지가 많아 번들거린다고 과도하게 세안을 하면 도리어 여드름에 좋지 않다.

피부의 1차적 역할은 외부 자극으로부터 몸을 보호하는 것이다. 샌드백을 자주 치는 권투선수 주먹에 굳은살이 생기듯 세안제로 피지를 제거하면 할수록 피지선은 자극되어 더 왕성히 피지를 만들어 낸다.

게다가 세안은 피부장벽의 손상을 가져온다. 피부장벽이 손상되면 모공 입구에 비정상적으로 각질을 많이 만드는 결과를 초래해서 모공이 막히기 쉽다. 여드름은 모공이 막히면서 염증이 생기는 질환이라는 사실을 알아야 한다. 특히 세정력이 강한 세안제는 알칼리성인 경우가 많은데, 이 역시 여드름 균 P.acnes의 증식을 도와주는 환경을 조성한다.

여드름 피부 세안 팁

여드름 피부의 경우 심하면 하루 5~6회 세안을 하는 경우를 볼 수 있는데 지나친 세안이 오히려 여드름을 악화시킬 수 있기 때문에 하루 2~3회 아침, 저녁 정도의 세안을 하는 것이 좋고, 세안 후에는 염증을 억제하는 성분이 함유된 스킨과 같은 트러블 전용 제품을 사용하는 것이 좋다.

02

민감한 내 피부,
'베이비 로션은 순하니까 좋을 거야.'

'아기들에게 사용하는 화장품이라면 안전하겠지?'

피부가 민감해 화장품이 잘 맞지 않아서 고민인 사람도 있다. 그래서 차선책으로 유아용 제품을 사용하는 경우가 많은 것 같다. 그러나 그것은 유아 피부의 특성을 몰라도 너무 몰라서 하는 말이다. 유아는 피지선이 발달하지 않아서 건성 피부라고 할 수 있다(참고로 피지선은 사춘기에 성호르몬과 더불어 발달되기 때문에 지성 피부는 사춘기 이후에 만들어진다).

민감성 피부라고 생각하는 사람의 경우 건성 피부를 가진 경우도 있지만, 지성 피부이면서 여드름, 뽀루지와 같은 트러블이 잘 생기는데도 민감성 피부라고 생각하는 경우가 많다. 유아용 제품의 경우 아이들은 피지의 분비량이 적기 때문에 유분을 많이 사용한다. 즉, 건성 피부용으로 제작되는 것이다.

이런 유분이 많은 제품을 지성 피부가 사용하면 그렇지 않아도 많은 피지와 제품 안의 유분이 섞이면서 모공을 막기 쉽고 트러블이 더 심해질 수 있다. 따라서 '베이비 로션 = 순함'이 아니라 '베이비 = 건성 피부'로 기억하자.

03

손으로 얼굴을 만지는 습관은 피부를 망친다?

얼굴을 손으로 만지는 것에 대해 좋다 혹은 나쁘다 의견이 분분하다. 결론부터 말하자면, 손으로 얼굴을 만지는 '습관'이 있다면 고치는 것이 좋다. 무의식중에 얼굴을 문지르거나 눈을 비비는 등의 습관은 피부의 건조함을 유발하고 계속적인 자극을 주기 때문에 피부장벽을 손상시킨다. 게다가 이런 의식적이지 않은 행동은 손이 깨끗하거나 깨끗하지 않거나 개의치 않고 일어나기 때문에 각종 세균과 노폐물에 노출된 손을 통해 2차 감염이 일어날 수 있다.

"그럼 손으로 얼굴을 만지면 안 되나요?"

하지만 의식적으로 손으로 얼굴을 만지는 행위까지 걱정할 필요는 없다. 손을 청결하게 한 뒤에 피부 자극을 최소화하면서 마사지를 하거나 화장품을 바르는 행위는 무의식적으로 손으로 얼굴을 비비는 것과는 차원이 다른 행동이다.

손은 다른 어떤 도구보다도 편리하게 피부에 화장품을 흡수시키고, 마사지할 수 있는 훌륭한 도구다. 하지만 피부 트러블이 심하거나 피부에 상처가 있는 경우에는 가급적 손으로 피부를 만지는 행위는 자제해야 한다. 손으로 트러블을 자극할 경우 염증이 악화될 수도 있으며 함부로 손으로 짜기까지 한다면 여드름 흉터나 염증을 동반할 위험이 있으므로 주의하는 게 좋다.

"손으로 얼굴 만지는 습관 외에도 주의할 게 있다면?"

손으로 얼굴을 만지는 습관 외에도 주의해야 할 게 있으니, 한 달째 세탁하지 않고 사용하고 있는 퍼프와 브러시다. 미용도구에는 메이크업 제품 잔여물과 먼지, 피부 노폐물 등이 뒤엉키기 쉬운 만큼 일주일에 최소한 한 번씩은 씻어서 사용해야 한다. 아무리 값비싼 화장품을 사용한다고 해도 이런 기본적인 관리가 이루어지지 않으면 명품 피부를 만들 수 없다.

04

피부과 약을 먹거나 바르면
피부가 얇아진다?

이런 오해를 불러일으킬 수 있는 약물이 2가지 있다. 하나는 여드름 치료약으로 사용하는 이소트레티노인(Isotretinoin)이고, 다른 하나는 스테로이드제제다.

이소트레티노인

여드름 치료약인 이소트레티노인의 경우, 피지를 줄여 주기 때문에 피부가 상대적으로 건조하다고 느낄 수 있는데 이러한 건조에 의한 땅 김 증상 때문에 피부가 얇아졌다고 생각될 수 있다. 그러나 실제로 피 부가 얇아지지는 않는다.

스테로이드제제

반면에 바르면 실제로 피부가 얇아지는 약이 있다. 스테로이드 호르몬 제제다. 스테로이드제제는 잘 쓰면 명약이요, 잘못 사용하면 치명적인 약이다. 피부에 바르는 약으로 단기간 사용하면 별문제가 안 되지만 장기간 남용하면 피부가 얇아지고 모세혈관이 늘어나는 부작용이 나타난다. 특히 강도가 센 성분일수록 피부가 쉽게 얇아진다.

여드름이나 뾰루지가 난 경우에 스테로이드 연고를 바르면 금방 가라앉는다. 그래서 예전에는 상비약으로 두고 사용하는 가정도 있었다. 그러나 그것은 일시적인 반응일 뿐, 시간이 지나면 피부의 저항력이 떨어져 균이 번식하기 더 쉬운 환경이 돼 버린다. 과거 전문의약품으로 분류되지 않았던 시절에 약국에서 의사의 처방 없이 쉽게 구입할 수 있었는데, 즉각적인 효과 때문에 중독이 되어 피부를 망친 경우가 많았다. 얼굴의 경우는 피부가 민감해지기 쉽고 모세혈관 확장증까지 초래하므로 가급적 사용을 피하는 것이 좋다.

바르는 연고가 아니라 복용을 하는 경우에는 스테로이드제제의 효과가 더 큰 만큼 전신적인 부작용도 더 심각할 수 있다. 예를 들어 고혈압, 소화성 궤양, 엉덩이관절의 무혈관 괴사, 녹내장 및 백내장 등이 나타날 수 있으므로 의사의 처방에 따라 적절한 용량을 일정 기간 동안 투여하는 것이 매우 중요하다. 다시 한번 강조하지만, 의사의 처방 없이 개인적으로 스테로이드제제를 사용하는 것은 절대로 지양해야 한다. 스테로이드는 전문의약품이라는 사실을 명심하자.

사우나, 찜질방은
피부에 좋다?

사우나나 목욕탕에서 뜨거운 증기를 쏘이고 나면 볼이 발그레하고 뽀얘져 얼굴이 화사해 보인다. 이 화사한 얼굴에 속아 찜질방이나 사우나가 당신의 피부를 곱게 만든다고 생각하면 착각이다.

사우나를 하고 나서 피부가 뽀얗게 보이는 것은 뜨거운 증기 또는 물에 장시간 피부가 노출되어 일시적으로 각질층이 불었기 때문이지, 실제로 피부가 좋아지는 게 아니다. 오히려 지나치게 뜨거운 열기를 지속적으로 쏘이게 되면 피부의 모세혈관이 늘어나고 당신도 모르는 사이에 서서히 모공이 넓어질 수 있다.

집에서 만들어 쓰는 화장품은 안전하다?

'천연물로 내가 만들었으니까 믿을 수 있다. 방부제도 안 들어가고…'

홈메이드 화장품의 장점에 대해 누군가 묻는다면, 이렇게 말할 수 있을 것이다. 그런데 여기에도 함정이 있다.

천연물의 함정

첫 번째는 천연물의 함정이다. 천연물이라고 해서 무조건 안전하지는 않기 때문이다. 집에서 흔히 사용하는 천연물은 대부분 식물이다.

식물성 화장품을 판매하는 회사들이 주장하는 것이 '순하고 자극이 없다'는 건데, 피부과 의사 입장에서 볼 때 이것만큼 난센스가 없다. '식물은 자극이 없다'라고 하는 것 자체가 잘못된 상식이기 때문이다.

사실은 자연계에 존재하는 물질 중에 식물만큼 다양한 접촉 피부염의 원인이 되는 경우도 없다. 어떤 과일은 산도가 너무 강해서 화상을 입히기도 하고, 어떤 식물은 바를 땐 괜찮다가 나중에 햇볕과 상호작용을 해서 알레르기를 유발하기도 한다. 예를 들어, 가정에서 진정용으로 가장 많이 쓰는 알로에 같은 경우에도 껍질 성분에 의한 알레르기 반응이 자주 보고되기 때문에 껍질을 완벽히 제거한 다음에 팩으로 만들어서 사용해야 한다.

방부제의 함정

두 번째는 방부제의 함정이다. 홈메이드 화장품은 화학방부제가 함유되지 않기 때문에 안전하다고 하지만 단 며칠뿐이다. 파라벤과 같은 화학방부제에 대해 아직 논란이 많긴 하지만, 화장품에 있어서 방부제는 부패와 오염을 막기 위해 반드시 필요한 성분이다. 방부제는 화장품에만 함유돼 있는 게 아니라 가공식품, 약품에도 반드시 들어간다.

방부제가 없으면 음식이 상하듯이 화장품도 상한다. 오염되거나 변질된 성분은 피부에 감염이나 알레르기를 일으키는 원인이 된다. 따라서 방부제의 좋은 점이, 유해성에 대해 확증되지 않은 논란에 비해 훨씬 크다고 할 수 있다. 게다가 매번 화장할 때마다 만들어서 사용해야 한다면 화장품 값보다 더 많은 돈을 쓰게 될 것이다.

피부 흡수율의 함정

세 번째는 피부 흡수율의 함정이다. 피부는 피지와 각질세포 간 지질이라는 기름막으로 덮여 있기 때문에 수용성 물질은 흡수가 잘 안 된다. 물과 기름이 섞이지 않는 이치다. 홈메이드 화장품에 가장 흔히 사용되는 과일에 함유된 비타민 C는 대표적인 수용성 물질이다. 즉, 아무리 발라도 겉돌기만 할 뿐 피부에 잘 흡수되지 않는다. 따라서 비타민 C를 화장품으로 만들 때는 친유성 제형으로 변형시키는 게 대부분이다.

07

모공은
땀구멍이 넓어진 것이다?

"평소 땀도 잘 안 흘리는데 모공이 넓어졌다."

이렇게 말하는 걸 심심찮게 듣게 되는 걸 보면 모공과 땀구멍을 혼동하는 사람들이 참 많은 것 같다. 모공은 이름 그대로 털이 나오는 구멍이지 땀이 나오는 구멍이 아니다. 모공으로는 피지(皮脂, Sebum)가 분비되어 나오고, 땀구멍으로는 땀샘(汗腺, Eccrine sweat gland)에서 만들어진 땀이 나온다. 땀이 많이 난다고 모공이 넓어지는 것도, 땀이 잘 안 난다고 모공이 작은 것도 아니다.

피지와 땀은 완전히 다르다. 피지는 기름 성분이고 땀은 물 성분이다. 모공은 육안으로 잘 보이지만 땀구멍은 육안으로는 잘 보이지 않는다. 피지를 만드는 피지선(皮脂腺, sebaceous gland)은 모낭 안에 털과 함께 붙어 있다.

피지는 외부로부터 피부를 보호하고 세균 감염을 막아 주며 피부를 촉촉하게 하는 기능을 한다. 모공의 지름은 대략 0.02~0.5㎜ 정도이지만, 계절, 나이 등에 의해서 늘어나기도 한다. 피지선은 사춘기 전에는 흔적만 있고 활동을 하지 않고 있다가 사춘기가 되어 몸에서 성호르몬이 왕성하게 만들어지면 크기가 커지고 많은 피지를 생산하여 모공 밖으로 배출한다.

피지가 너무 많이 만들어지면 배출해야 하는 양도 많아지기 때문에 모공이 넓어지게 된다. 그래서 지성 피부는 모공이 넓어지기 쉬운 것이다.

08

먹는 화장품이
바르는 화장품보다 효과적이다?

비타민을 챙겨 먹듯이 화장품도 바르는 것이 아니라 먹는 시대가 왔다고들 한다. 더 정확히 말하자면, 피부에 직접 발라 피부를 보호하거나 가꾸던 것에서 이제는 먹어서 피부에 필요한 성분을 공급해 주자는 것이다. 가장 대표적인 제품이 먹는 수분 보충제와 콜라겐이다.

수분 보충제

피부 노화를 가져오는 첫 번째 원인이 자외선이라면 두 번째는 수분이다. 수분이 부족하면 피부에 주름이 생기기 쉽고 세포의 노화도 빨라진다. 그래서 먹는 수분 보충제가 각광받고 있는데 의학적으로는 효과가 미지수다. 히알루론산이나 콜라겐 모두 대부분 소장에서 흡수된 후 작은 아미노산으로 분해되기 때문에 실제로 진피를 메우는 데 사용되는지 확인이 어렵다.

비타민 C

비타민 C도 마찬가지다. 비타민 C를 아무리 많이 먹어도 주근깨나 기미가 없어지지 않는다. 그런데도 여전히 비타민 C를 먹으면 기미나 주근깨가 없어진다는 광고가 판을 친다. 연구에 의하면, 먹는 비타민 C의 7% 정도만이 피부에서 발견된다고 한다. 차라리 피부에 발라서 흡수시키는 것이 더 좋다.

콜라겐

다만 콜라겐은 평소 음식물로 섭취하기 어려운 아미노산 성분이기 때문에 먹어서 보충하는 것도 좋다. 비타민 C와 함께 먹으면 도움이 되는 것으로 알려져 있다.

피부 고민 해결에 도움이 되길 바라며

수개월의 작업 끝에 드디어 탈고를 했다. 책을 쓴다는 건 마음먹은 것만큼 쉽지 않은 일인 것 같다. 처음엔 일반인에게 피부장벽의 개념과 중요성을 알리겠다는 마음으로 시작했지만, 책의 내용을 채워 가다 보니 피부과 전문의로서 선후배들에게 부끄럽지 않은 내용이어야 한다는 생각에 이르렀다. 그러다 보니 행여 잘못된 내용이 들어갈까 일일이 참고 문헌을 찾아 확인해 가며 책을 써야 했다.

전문적인 용어를 어쩔 수 없이 많이 사용했는데, 그것은 동시에 '내용이 어려워서 읽기 어려운 책이 되면 어떻게 하나'라는 걱정의 원인이 되기도 하였다.

책을 마무리하면서 드는 욕심이라면, '피부장벽'이라는 조금은 어려운 내용을 쉽게 풀어서 설명해 준 책이라는 평가를 받는 것인데 과연 그럴 수 있을지 모르겠다. 부끄럽지만 부디 이 책이 많은 분들에게 읽히고 도움이 되길 소망해 본다. 피부와 화장품의 고민을 해결하는 데 유익했다고 회자될 수 있는 책으로….

　　나이가 들수록 감사할 일들, 감사할 사람들이 많아지는 것 같다. 원고를 마무리하며 이 책이 나올 수 있기까지 곁에서 마음을 쓰고 시간을 쓰면서 격려와 응원으로 도와준 가족과 고운세상 식구들께 감사하다. 더불어 같은 피부과 의사이자 나의 롤 모델과 멘토가 되어 주신 홍창권 교수님과 김양제 원장님께 깊은 감사의 마음을 전한다.

　　무엇보다 부족한 내게 한순간도 변함없이 무한한 사랑을 베풀어 주신 부모님께 감사와 함께 이 책을 바친다.

참고 문헌

• Ahn SK, Bak HN, Park BD, et al. Effects of multilamellar emulsion on glucocorticoidinduced epidermal atrophy and barrier impairment. J Dermatol 2006.

• Bouwstra JA, Gooris GS, Dubbelaar FER, Weerheim A, Ljzerman AP, Ponec M. Role of ceramide 1 in the molecular organization of the stratum cormeum lipids. J Lipid Res 1998.

• Breathnach AS, Goodman T, Stolinski C, Gross M. Freeze-fracture replication of cells of stratum corneum of human epidermis. J Anat 1973.

• De Groot AC, Weyland JW, Nater JP. Unwanted effects of cosmetics and drugs used in dermatology. In: de Groot AC, Weyland JW, Nater JP(eds.). Elsevier, Amsterdam, 1994, 3rd. ed.

• Downing DT, Stewart ME, Wertz PW. Essential fatty acid and acne. J Am Acad Dermatol 1986.

• Dr.Lesile Baumann. The Skin Type solution 2006.

• Elias PM. Epidermal lipids, membranes, and kertinization. Int J Dermatol 1981.

- Feingold KR, Mao-Qiang M, Menon GK, Cho SS, Brown BE, Elias PM. Cholesterol synthesis is required for cutaneous barrier function in mice. J Clin Invest 1990.

- Ghadially RG, Brown BE, Hanley K, et al. Decreased epidermal lipid synthesis accounts altered barrier functions in aged mice. J Invest Dermatol 1996.

- Haratake A, Uchida Y, Schmuth M, et al. UVB-induced alterations in permeability barrier function: roles for epidermal hyperproliferation and thymocyte-mediated response. J Invest Dermatol 1997.

- Holleran WM, Mao-Qiang M, Gao WN, Menon GK, Elias PM, Feingold KR. Sphingolipids are required for mammalian barrier function: Inhibition of sphingolipid synthesis delays barrier recovery after acute perturbation. J Clin Invest 1991.

- Holleran WM, Uchida Y, Halkier-Sorensen L, Haratake A, Hara M, Epstein JH, et al. Structural and biochemical basis for the UVB-induced alterations in epidermal barrier function. Photodermatol Photoimmunol Photomed 1997.

- Imokawa G, Abe A, Jin K, Higaki Y, et al. A decreased level of ceramides in stratum cormeum of atopic dermatitis : An etiologic factor on atopic dry skin. J Invest Dermatol 1991.

- Irvine AD, McLean I. Breaking the (un)sound barrier: Filaggrin is a major gene for atopic dermatitis. J Invest Dermatol 2006.

- Katsumura Y. Recent research and development of cosmetics for sensitive skin. Fragrance Journal 1994.

- Las Norlen. Skin barrier structure and function: The single gel phase model. J Invest Dermatol 2001.

- Menon GK, Feingold KR, Elias PM. The lamellar body secretory response to barrier disruption. J Invest Dermatol 1992.

- Menon GK, Feingold KR, Mao-Qiang M, Schaude M, Elias PM. Structural basis for the barrier abnormality following inhibition of HMG CoA reductase in murine epidermis. J Invest Dermatol 1992.

- Nemes Z, Steinert PM. Bricks and mortar of the epidermal barrier. Exp Mol Med 1999.

- Rawlings AV, Harding CR. Moisturization and skin barrier function. Dermatol Ther 2004.

- Rudolph R, Kownatzki E. Croneometric, sebumetric and TEWL measurements following the cleaning of atopic skin with a urea emulsion versus a detergent cleanser. Contact Dermatitis 2004.

- Sheu HM, Su YT, Lan CC, Tsai JC. Human sebum-from sebaceous gland to skin surface lipid film and its effects on cutaneous permeability barrier and drug transport across the stratum corneum. J Skin Barrier Res 2007.

- Stingl G, Maurer D, Hauser C, et al. The epidermis: an immunologic microenvironment. In:Freedberg IM, Eisen AZ, Wolff K, et al. (eds). Fitzpatrick's Dermatology in General Medicine, vol 1. New York: McGraw-Hill 1999.

- Strauss JS, Downing DT, Ebling FB, Stewart ME. Sebaceous Gland, Goldsmith, LA, editor. Physiology, Biochemistry, and Molecular Biology of the Skin. 2nd Edition. New York; Oxford University Press; 1991.

- Yamamoto A, Takenouchi K, Ito M. Impaired water barrier function in acne vulgaris. Arch Dermatol Res 1995.

- 안성구, 장경훈, 박하나, 박장서 외 12명. 당신의 피부 혈액형 2012.

- 이승헌, 이상은, 안성구, 홍승필 외 4명. 피부 장벽학. 여문각 2010.

- 이승헌, 황상민, 최응호, 안성구. 피부 장벽. 대한피부과학회지 1999.